U0919982

TADI

天津市建筑设计院设计作品系列

方案创作卷

Schematic Design

刘 军　刘景樑　主编

Preface

序

天津市建筑设计院为展现一代中青年建筑师的创作风采，记录近年来优秀建筑设计成果，探索建筑文化新理念，编纂出版了《TADI工程设计卷》和《TADI方案创作卷》。

两卷收录了近年来TADI中青年建筑师的工程设计实例与方案设计案例，集中展现了追求国内一流强院的天津建院中青年建筑师的创作风采与匠心独具。众多作品体现着中青年建筑师在新建筑设计方面的理念，对国内外建筑设计发展态势的把握和对传统建筑文化的继承。在两卷的“建筑师感言”中，记载了数十位TADI中青年建筑师的建筑设计格言，从中可以感悟到他们创作的脚步与心灵的升华。如“建筑创作是一种体验与感悟，创作和人生在相互作用中升华”；“用职业的素养和技能，实现共同的梦想，是建筑师的社会责任和执业使命”；“发现问题、找准关键、创造性地解决它，以求得工程、社会、经济、人文、环境多方面的价值最大化是建筑师的使命”；“从中国制造走向中国创造，建筑师需要具备国际眼光的能力”……相信面对建筑的发展和城市的未来，TADI建筑师们会更加努力承担起社会责任，抓住建筑业发展的大好时机，乘势而上创作出更加优秀的建筑作品。

天津市建筑设计院建筑创作的核心是创新。一个民族要有自己的精神追求，一座城市的建筑要有自己的风格，注重地域文脉、弘扬传统文化是我们的不懈追求。当今建筑受到新奇文化的侵袭，相信两卷收录的建筑实例能够使我们看到建筑美的回归；看到有创意的个性化设计思想和多元化设计风格；看到运用新技术、新材料、新产品体现时代精神；看到节约资源，减少污染，体现绿色、低碳的建筑文化新旋律。总之，大家会看到我院一大批中青年建筑师的迅速崛起，正在成为TADI的中坚力量，他们在用强烈的责任感、使命感和事业心赋予新建筑飞扬的灵魂。

期待大家与这两卷设计作品对话的同时，享受TADI中青年建筑师创作激情的澎湃，领悟文化的内涵与时代的印记，以期引起更多的认知和共鸣，进一步促进中青年设计师的设计文化交流和建筑设计创作的新发展，这也是本次出版活动的主旨。

让作品见证时代，让希望铸就未来。世界上任何的永恒，都离不开执著相随。执著凝聚信念，创新孕育发展，让创新为TADI带来勃勃生机与无限活力！

天津市建筑设计院院长

2011年08月18日

Editorial Board

《TADI方案创作卷》编委会

Chief Editor	**Liu Jun Liu Jingliang**
Associate Editor	**Liu Zuling Wang Shaoyan**
Honorary Editor	**Jin Lei**
Editorial Board Member	**Han Lingdi Zhang Zheng Zhu Tielin Sun Hongxin Gu Fang Li Baoyu Wang Yixin**
	Zhang Jinyi Wang Li Zhang Lili
Consulting Editor	**Zhang Jiachen Wang Shichun**
Editor	**Zhang Xi Zhang Yu**
Photographer	**Liu Dong Yang Chaoying Liu Jinbiao Chen He Wang Xinbin**
Design	**Hu Shanhu Huang Dong**

Contents

目录

张　建

Zhang Jian

毕业于天津大学建筑系

天津市建筑设计院 副总建筑师

设计一所 所长

所总建筑师

国家一级注册建筑师

正高级建筑师

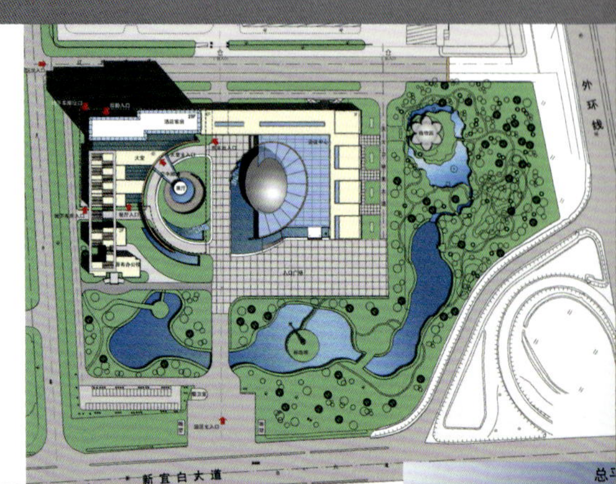

天士力酒店

建筑设计理念　Philosophy of Architectural Design

与中国传统文化的契合　天士力酒店位于北辰区天士力城内，天士力城现有会议中心为方形，中部有椭球体会议厅，建筑布局成围合形，新建酒店采用围合形布局，与会议中心一起构成抽象的阴阳太极图。体现中国建筑崇尚自然、师法自然，在美学、建筑学、哲学上追求天人合一的最高境界。

建筑群体的整合　场区内现有办公楼及会议中心，新建酒店后会形成三足鼎立的态势。因此，从设计角度着重考虑如何使三座建筑整合到一起，并与环境相协调，形成完整统一的建筑形态。从功能上，将原有会议中心作为酒店的组成部分，并设置通廊将酒店与会议中心连接起来。在原有办公楼与酒店间设置构架联系，突出三幢建筑的整体感。

在城市设计中营造建筑空间　地块地处外环线旁，是从北京来天津，宜兴埠下高速路进入市区的必经之路。酒店建筑与周边建筑整合为一体，借助北侧的生产区大门强调了一条中央轴线，并形成借景的空间意象。

主要技术经济指标　Technological Specification

建设地点：	天津市新宜白大道与外环线交口处
主要用途：	会展型酒店
总用地面积：	13 700m^2
总建筑面积：	75 500m^2
核心建筑层数：	26层
核心建筑总高度：	99.6m
设计时间：	2008年

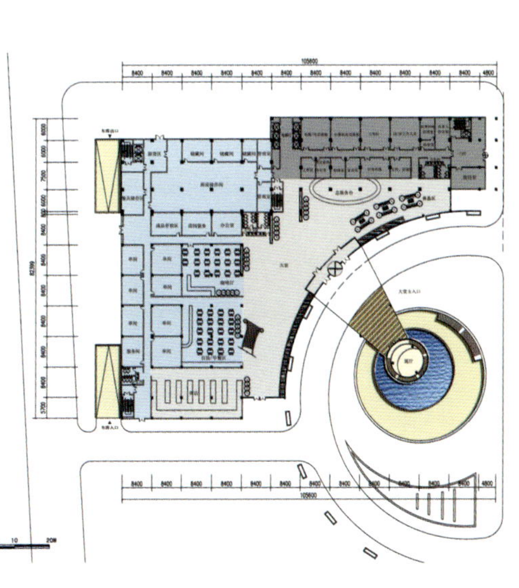

首层平面图

天津市空港物流企业服务中心

建筑设计理念　Philosophy of Architectural Design

天津空港国际物流企业服务中心工程位于天津空港国际物流区西南侧的梯形地块内，是由外环线经机场货运路进入空港物流区内的必经之地。建筑群分散布局，主要入口由地块沿中部位置进入，三部分主要功能共享的约1万m^2的广场，企业服务中心与二期办公位于基地北面，并形成半开放的内庭院，大型专业化市场位于基地西侧，三个部分的建筑呈“L”形布置，使整个建筑群体具有相当大的开放空间的同时，又具有围合感，二者互为补充，相得益彰。

主要技术经济指标　Technological Specification

建设地点：　天津滨海国际机场

主要用途：　管理办公、配套服务、展览展销

总建筑面积：　42 212m^2

设计时间：　2000年

天津纺织工业东移综合服务区方案

建筑设计理念 Philosophy of Architectural Design

项目位于空港物流加工区。办公建筑沿南北向布局，争取好的朝向，充分利用自然资源，同时便于夏季主导风向的流通，形成良好的室外环境。开敞空间、半开敞空间、封闭空间的相互渗透营造出流动均质的空间环境，为使用者提供了移步换景的中国传统园林与西方现代园林品质相结合的高贵室内外空间。

内部使用的室外空间力求温馨宜人，创造出冬季向阳背风，夏季通风良好，四季皆宜的小环境，创造良好小气候，通过细腻的手法体现对人的尊重，使人感到轻松宁静。

主要技术经济指标 Technological Specification

建设地点： 空港物流加工区
主要用途： 办公楼
总用地面积： 40 000m^2
总建筑面积： 30 050m^2
设计时间： 2003年

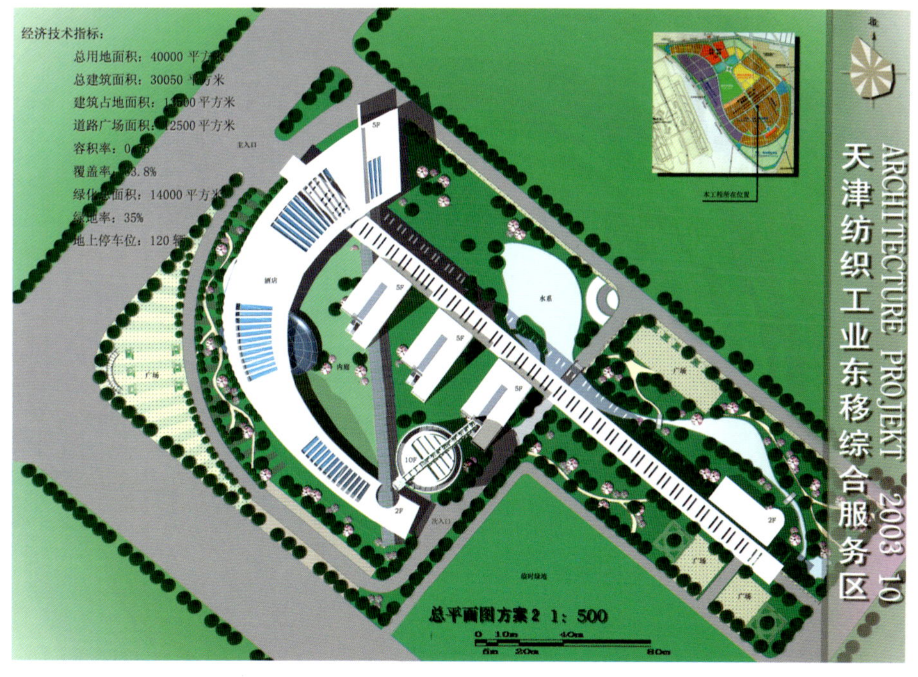

经济技术指标：
总用地面积：40000 平方
总建筑面积：30050 方米
建筑占地面积：1 00 平方米
道路广场面积： 2500 平方米
容积率：0
覆盖率 3.8%
绿化 面积：14000 平方
地率：35%
地上停车位：120
主入口
酒店
广场
内庭
水系
5F
10F
2F
次入口
临时绿地
本工程所在位置
总平面图方案2 1：500
0 10m 40m
5m 20m 80m
ARCHITECTURE PROJEKT 2003 10
天津纺织工业东移综合服务区

杨一玫
Yang Yimei

天津市建筑设计院 副总建筑师
设计一所 总建筑师
正高级建筑师

喇叭河旅游宾馆

建筑设计理念 Philosophy of Architectural Design

喇叭河宾馆位于四川省天全县二郎山，天全县属四川盆地亚热带湿润气候区，具有冬无严寒，夏无酷暑，气候温和，雨量充沛的气候特征。四周境内有尚在开发建设中的二郎山旅游区，是汉藏文化交融的游览胜地。基地系在群山环抱中一块海拔1 840m狭长的台地上，基地入口位于南端的盘山公路，西侧系一山涧流涌着常年不断的山泉，北侧及东侧系连绵起伏的群山。山上森林茂密、天然植物品种繁多、山清水秀、环境优美、景色宜人。高品质的自然风光与生态环境，不仅吸引了众多的游客来此渡假、游览，还吸引了山里的野鹿群每到傍晚便会下山到基地活动。这已成为该宾馆一个独特的自然景观。新建的宾馆拥有176套包括豪华套间、套间、标准间客房的三星级旅游宾馆。

自然、传统、现代的融合。根据工程所处的自然景观环境，通过现代建筑手法来处理传统建筑的符号。采用当地的青瓦坡顶、白墙等基本建筑元素配以粗糙的片石墙柱，原木青漆的窗间墙饰面，营造出一种自然、淳朴的建筑风格，局部采用的玻璃和金属构件使其自然、淳朴中又不失现代建筑特征，构建一座融于其景之中的具有自然、淳朴的当地建筑特色与现代建筑手法相融合的宾馆建筑。

主要技术经济指标 Technological Specification

建设地点：	四川省天全县二郎山
主要用途：	旅游宾馆
总用地面积：	11 000m^2
总建筑面积：	17 730m^2
核心建筑层数：	5层
核心建筑总高度：	15.30m
设计时间：	2005年

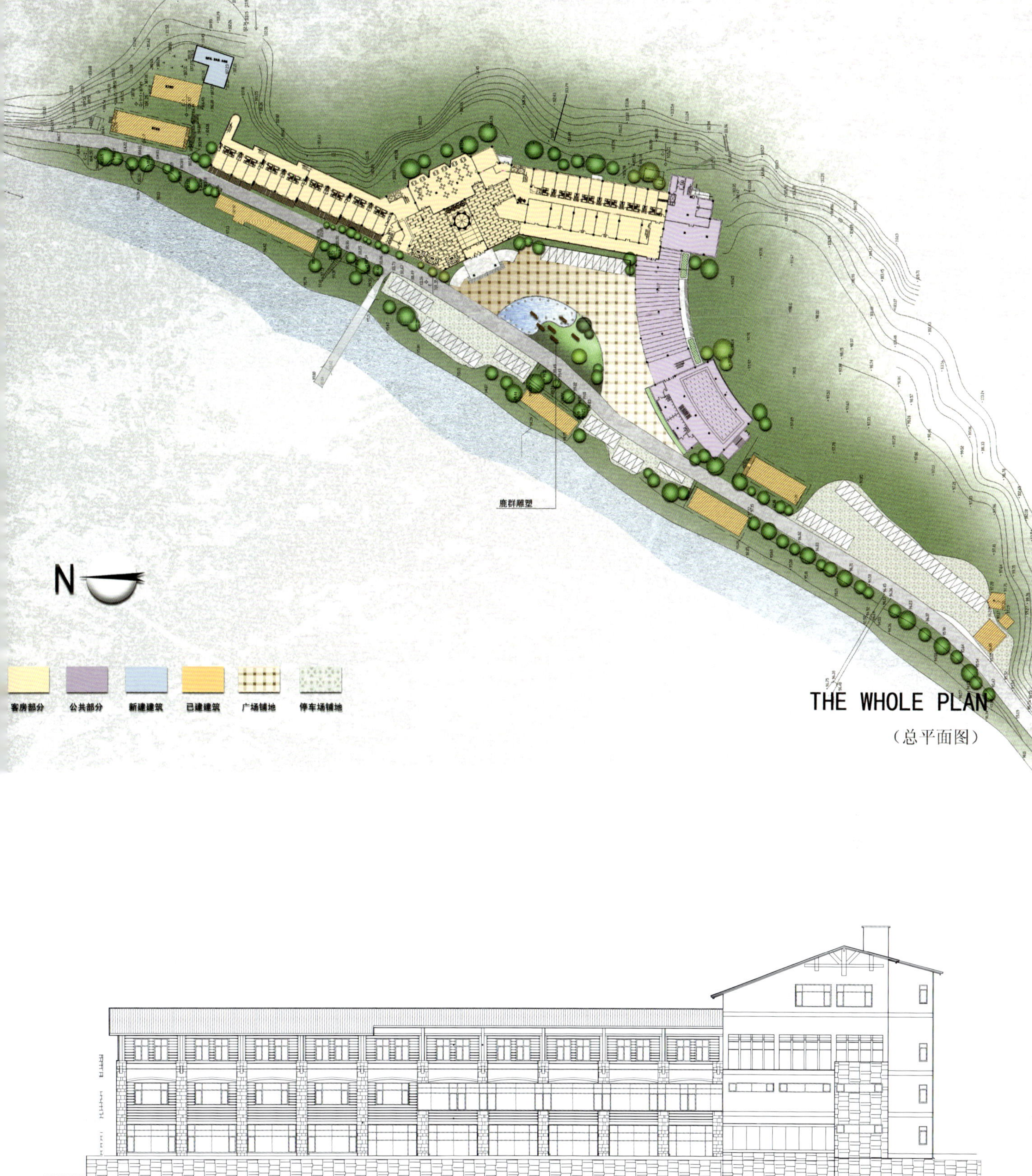

立面展开图

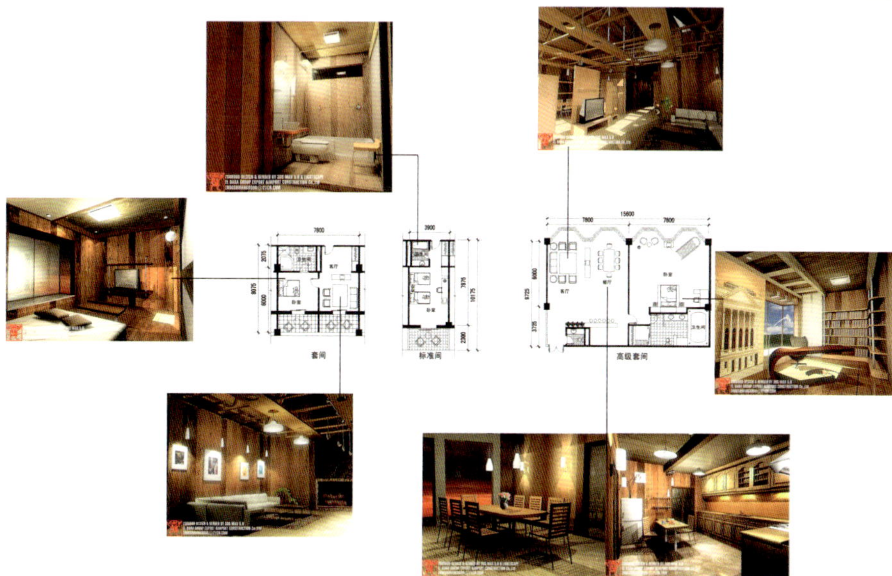
套间
标准间
高级套间

冯 珣

Feng Xun

2000年毕业于天津城市建设学院

天津市建筑设计院设计一所 副主任建筑师

七里海地质博物馆

建筑设计理念 Philosophy of Architectural Design

三个白色贝壳屋顶镶嵌在弧形建筑屋面上，既醒目又不突兀，与北侧的圆形天窗和东侧的椭圆商业休闲厅自然结合，展馆南侧的玻璃幕墙和大厅前的涓涓细流正是海浪层层叠叠的完美提炼。下沉广场南侧的贝壳叠水象征着贝壳堤随着海岸线的移动而留下的历史痕迹。多年来，由于水源等自然条件的变化以及人为因素，生态环境恶化问题日益突出，水域面积缩小，鸟类等野生动物群落减少，芦苇长势也有所退化，自然遗迹也不同程度地遭到破坏。本案也是想通过这么一个美丽的瞬间引起人们对七里海环境的重视，共同保护这片乐土。

主要技术经济指标 Technological Specification

建设地点：	天津宁河县俵口乡
主要用途：	博物馆
总用地面积：	25 689m^2
总建筑面积：	5 000m^2
核心建筑层数：	地上2层，地下1层
核心建筑总高度：	12.5 m
设计时间：	2007年

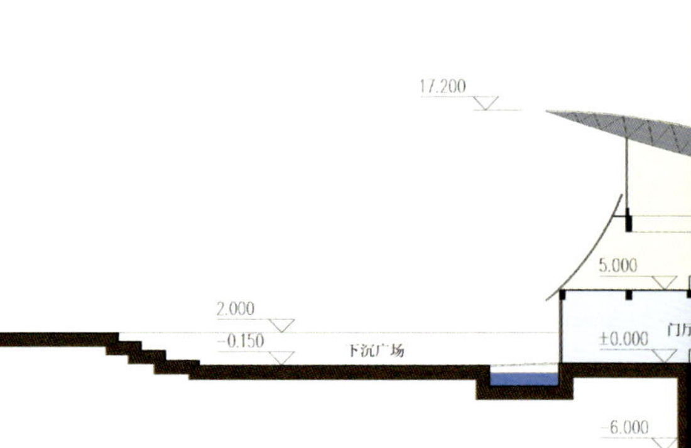

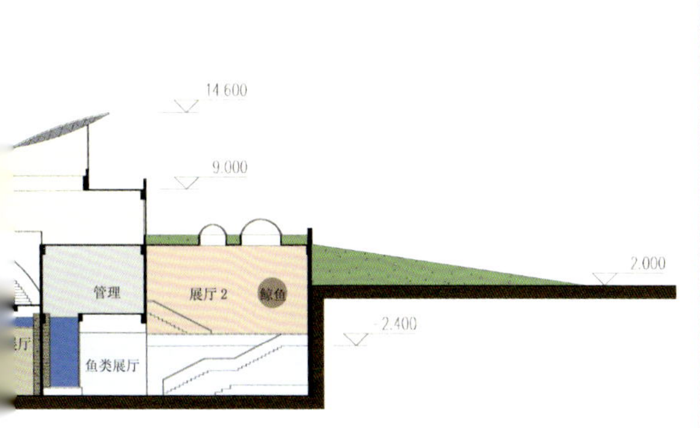
14.600
9.000
2.000
管理
展厅 2
鲸鱼
-2.400
鱼类展厅

凌　海

Ling Hai

1995年毕业于东南大学建筑系

2007年赴德国汉诺威大学建筑学院研修

天津市建筑设计院设计二所 副所长、主任建筑师

国家一级注册建筑师

高级建筑师

天津医科大学总医院神经病学中心和交流教育中心

建筑设计理念　Philosophy of Architectural Design

天津医科大学总医院神经病学中心和交流教育中心，以新建成的医学中心为核心向两侧展开，三座高层建筑构架出“医学城”展翅腾飞的形象。

整体布局克服城市中心用地狭窄局促的不利条件，精心设计广场景观、屋顶花园、下沉庭院、空中花园和绿色光庭，形成内外交融、高低错落、层次丰富的怡人景观氛围，有效地舒缓了病患心理负担和医护人员的心理压力，提高了病患的康复率。

立面延续医学中心简洁统一的处理手法，很好地塑造了独具医疗建筑特色和时代精神的建筑群体形象。

主要技术经济指标　Technological Specification

建设地点：	天津市鞍山道与新兴路交口
主要用途：	三甲综合医院
总用地面积：	63 000m^2
总建筑面积：	280 000m^2

挂号处1号台
挂号处2号台

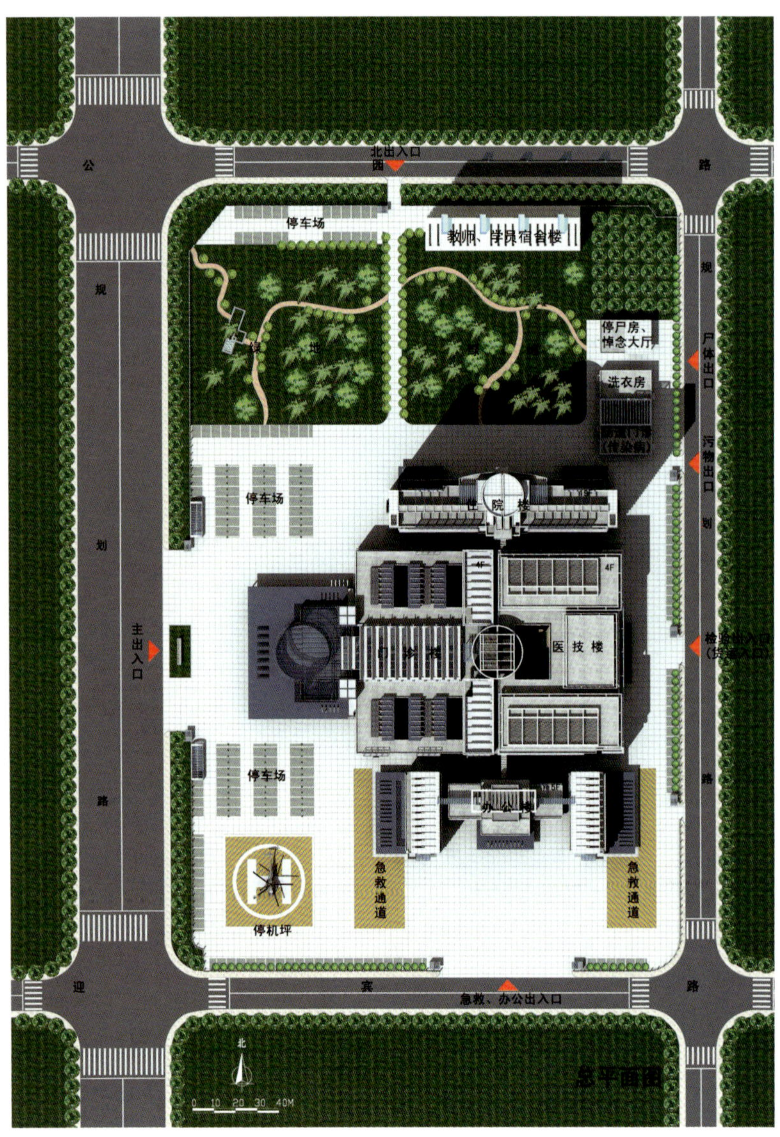

忻州市人民医院

建筑设计理念　Philosophy of Architectural Design

从城市设计的高度，将医院设计与整个周边环境相融合。设计手法稳重而不保守，造型简洁、轻灵、大气，体现医疗建筑的严肃性和科技性。

空间布局高低错落，体量紧凑适中，体现医院建筑的功能性，保证医患流线和洁污流线最短。医院主体功能部分的门诊、急诊、医技、住院采用集中式处理，整合的建筑体块关系，突出建筑的城市取向。

色彩以医院传统的白色为主色调，立面造型线条简洁明快，利用构成主义建筑语汇，采用多种不同质感涂料墙面与透明玻璃材质，进行虚实对比，使立面在庄重之中又有活泼生动，追求整体效果的同时注重细部的功能性，创造优美建筑形象的同时兼顾造价的经济性。

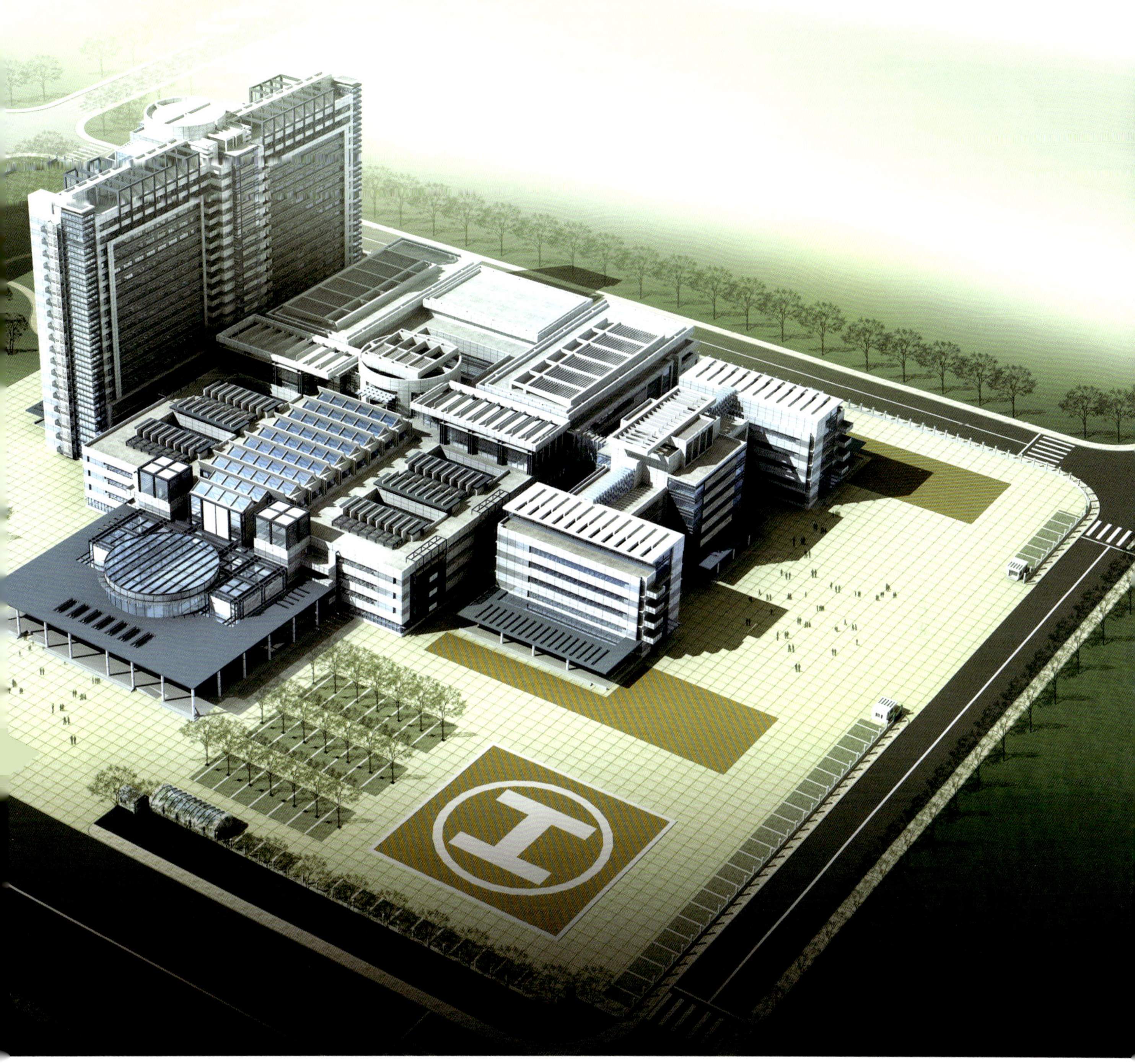

主要技术经济指标　Technological Specification

建设地点：　山西省忻州市开发区

主要用途：　三甲综合医院

总用地面积：　78 000m^2

总建筑面积：　120 000m^2

核心建筑层数：　19层，3层

核心建筑总高度：　78.15m

设计时间：　2008年

王 彤
Wang Tong

1993年毕业于天津大学建筑系
天津市建筑设计院设计二所 总建筑师
国家一级注册建筑师
高级建筑师

中国航天科工集团第三研究院六六八工程

建筑设计理念 Philosophy of Architectural Design

本工程设计在狭长的用地内，采用曲线形式，形成灵活多变的建筑空间，不仅建筑群内有大的广场，还在用地的东北角留有可发展用地。总体建筑布局设计为外实内虚的“6”字形平面，形成内外两条环形车道，并用几条放射状通道连通，使各个分区间保持相对独立，做到人流货流分开。设计中充分考虑了内外空间的关系，主入口位于用地中部，两边弧形建筑间开口宽60m多，直通内部广场，使内外部空间连通；用地的东北角和西北角留有两块大型绿地，使外部的城市道路在转弯处视角开阔，大面积的绿化也丰富了道路两边的景观；东北角处的绿地与用地内中心广场绿地相连，形成一条绿带融入周围的环境当中，使整体建筑群与周边环境关系和谐。

平面布局充分满足生产、实验的工艺要求。合理组织生产流线，严格保证各类实验所需条件，并利用其塑造独特的空间造型。

立面设计力求简洁、明快，体现科研建筑的认知性、标志性和科学性，立面造型主要采用虚实对比的手法，以竖向线条进行划分，并做到空间收放有度和手法统一，强化整体感和现代感；照顾到城市景观的需要，重点强调高层部分，采用先进的材料和技术手段及先进的设计理念，以期达到给人眼前一亮的视觉效果 。由办公研发中心6栋高层构成了基地的主要建筑群，主立面面向高尔夫球场，其他6组建筑水平伸展，构成基座。深色石材和浅色玻璃幕墙形成虚实、色彩、材料的强烈对比。

主要技术经济指标　Technological Specification

建设地点：　天津市空港物流加工区
主要用途：　高新技术研发中心及生产试制中心
总用地面积：　153 711m^2
总建筑面积：　185 710m^2
核心建筑层数：　地上9层
核心建筑总高度：　43 m
设计时间：　2006年

中国航天科工集团天津航天城

中国航天科工集团天津航天城

陈永凯
Chen Yongkai

1997年毕业于天津城建学院建筑系
2007年赴德国汉诺威大学建筑学院研修
天津市建筑设计院设计二所 副所长
副主任建筑师
高级建筑师

空港开发区百利商务区

建筑设计理念　Philosophy of Architectural Design

本工程设计立意于“生态绿谷、商务公园”。 建筑分成东北和西南部分两大块，同时满足景观和分期的需要。 考虑到南侧高尔夫球场的景观及朝向，形成了东、西、北三边高，中央和南侧高度递减的布局，围合成的中心绿地形成颇具向心性的核心绿地，向高尔夫球场打开开口，将高尔夫球场的景观引入整个地块。面对中心绿地，层层退台的屋顶绿化构成多层次的空中花园，每层建筑均享有自己的绿化平台。多层次的立体生态绿化景观实现了“在公园中办公”的生态商务梦想。

地块以外环车行、内部人行实现人车分流，地下设停车场，可以方便到达各个办公建筑。

整个社区寓丰富景观于简洁大方的体量之中。中心大道沿途建筑以最高达线率共同组成街墙，以限定有比例及尺度感的城市轴线空间。中心绿地周边的建筑形体变化丰富，增加了地块活跃和休闲的感觉。

平面布局可以适应多种需求，体现了“多元、包容、综合”的现代理念，首层、二层局部设置配套设施。办公空间为框架结构，可以灵活分隔成大小随意的空间，最大程度地满足租售要求。

主要技术经济指标　Technological Specification

建设地点：　天津空港物流加工区中心大道旁
主要用途：　办公、商业
总用地面积：　62 989m^2
总建筑面积：　131 888m^2
核心建筑层数：　地上9层
核心建筑总高度：　43 m
设计时间：　2008年

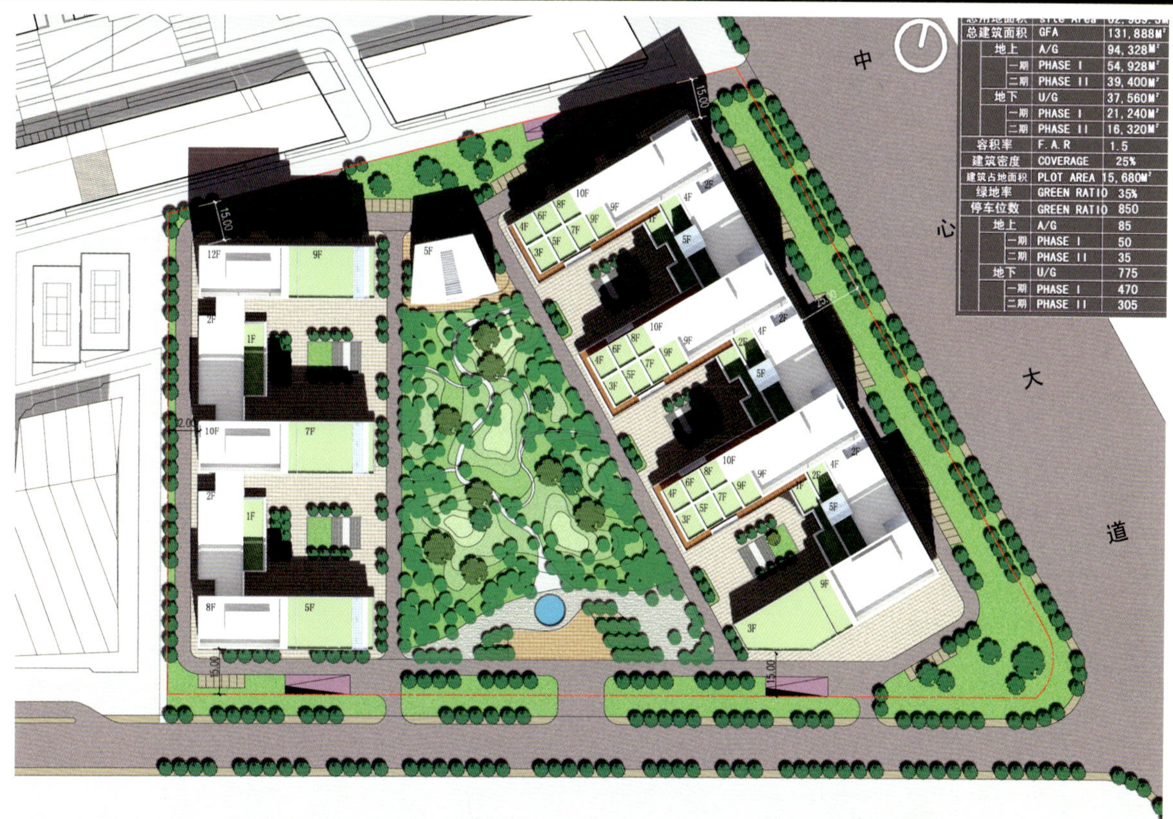

总用地面积			Site Area	[illegible]
总建筑面积			GFA	131,888M²
	地上		A/G	94,328M²
		一期	PHASE I	54,928M²
		二期	PHASE II	39,400M²
	地下		U/G	37,560M²
		一期	PHASE I	21,240M²
		二期	PHASE II	16,320M²
容积率			F.A.R	1.5
建筑密度			COVERAGE	25%
建筑占地面积			PLOT AREA	15,680M²
绿地率			GREEN RATIO	35%
停车位数			GREEN RATIO	850
	地上		A/G	85
		一期	PHASE I	50
		二期	PHASE II	35
	地下		U/G	775
		一期	PHASE I	470
		二期	PHASE II	305

总平面图

张　铮

Zhang Zheng

1985年毕业于天津大学建筑系

2003—2004年中法建筑交流100名建筑师在法留学

天津市建筑设计院 总建筑师

国家一级注册建筑师

正高级建筑师

博鳌国宾馆规划建筑设计

建筑设计理念　Philosophy of Architectural Design

博鳌地处沿海，为热带气候，较为潮湿，在建筑单体设计中，我们充分考虑到生态设计的要求，强调建筑的通风和遮阳，长长的挑檐、室外的柱廊、通透的格窗以及室内的天井，都保证了良好的通风，减少了建筑室内空气的潮气。在建筑风格上，结合海南当地建筑特色，我们采取了一种沉稳、简洁的处理手法，建筑风格统一于整个区域又别具特色：提炼中国元素为基本设计构件，以现代气息为基本设计手法，以庄重典雅为基本设计风格，以舒适方便为基本设计要求，“中而新”为基本设计的核心理念，在材料、色彩、体量的考虑中使其不仅体现出当地风格，又体现着国宾馆应有的尊贵大气，典雅庄重。

主要技术经济指标　Technological Specification

建设地点：	博鳌亚洲论坛特别规划区六大山系之首的龙潭岭主峰山麓
主要用途：	国宾馆
总用地面积：	237 204m^2
总建筑面积：	22 658m^2
核心建筑层数：	3层
核心建筑总高度：	72.65~87.05m
设计时间：	2009年

刘　欣
Liu Xin

1991年毕业于天津大学建筑系 获工学硕士学位
天津市建筑设计院设计三所 执行总建筑师
国家一级注册建筑师
高级建筑师

东疆港人工海水浴场

建筑设计理念　Philosophy of Architectural Design

设计取意于海浪、峰峦。

平面规划自然、流畅，由此发展成为舒展的建筑形体。折线形组合的建筑平面面向浴场布局，开敞、舒展。屋面以自由的曲线在平面与立面两个方向展开，通透的玻璃塔穿插其间，宛如海浪中泛起的浪花，又如重峦叠嶂的山峰间的山花，和谐生长在整个建筑群中。环境设计主要着眼于使用功能与滨水氛围的营造。主入口深挑的超尺度雨棚营造出欢迎宾客的态势，壮观又亲切，塑造出尺度适宜的入口空间及城市形象。人工浴场沙滩与建筑之间布置绿化及防腐木甲板的过渡区，可设置室外茶座，满足了休闲人群的亲水欲望，同时提供游泳的宾客高端的休息空间。

建筑主体分为两部分，既分且合，其中南侧主要布置海水浴场的配套功能，包括酒吧、咖啡吧等各种集会场所以及SPA、洗浴等空间，利用一层屋面设置了观景平台。北侧主要布置度假客房、小型纪念品店等空间，其中三层以高档套间为主。功能齐全，使用方便。

主要技术经济指标　Technological Specification

建设地点：　天津市东疆港区K-01地块
主要用途：　人工海水浴场配套建筑
总用地面积：　50 000m^2
总建筑面积：　31 000m^2
核心建筑层数：　3层
核心建筑总高度：　15m
设计时间：　2008年

中新生态城南部商业中心

建筑设计理念 Philosophy of Architectural Design

设计构思

①妥善处理建筑环境，充分体现生态、环保、可持续发展的理念，体现生态城的内涵。

②妥善处理建筑尺度、色彩、材料，体现节能降耗的“绿色”建筑理念。

③妥善安排建筑单体布局，形成错落有致的城市轮廓线。

④妥善安排基地内外的交通流线，避免机动车库对基地内的不良影响。

基地空间组织

• 建筑布局有利于保护基地的生态条件，为建筑单体的“绿色”设计提供前期条件。

• 超高层塔楼布置于基地纬一路与经二路交角，塔楼直接落地，形成挺拔、高耸的外部形象，入口处的共享空间既形成宏大的气势又帮助建筑内部空间与城市空间交相融合，具备良好的亲和性。

• 不同功能建筑的主要入口置于基地四周，与城市关系结合紧密。

• 轻轨站上部设大面积集中绿地广场，突出广场的氛围，并使“生态谷”空间收放有序。

• 基地的裙房分为南北两部分，南侧裙房以大型商业为主，北侧裙房以小型专卖店及会议、餐饮为主，中间的步行街使两部分功能既分且合，同时形成休闲的气氛，步行街还可作为防灾通道，紧急情况下可供消防车、救护车等通行，同时使地块北部商业街的城市空间顺延至本地块内。

• 其余三栋塔楼高度不超过100m，形成众星捧月之势，与角部的超高层塔楼共同形成高低错落的城市天际线，形成制高点及标志性建筑。

• 机动车出入口分设于基地的四周，使人流车流互不混杂，对城市交通影响较小，轻轨出入口利用商业裙房设置，与步行街的人流形成立交，巧妙地利用了空间。

主要技术经济指标 Technological Specification

建设地点：	天津中新生态城起步区
主要用途：	商业、办公、酒店
总用地面积：	142 400m^2
总建筑面积：	400 000m^2
核心建筑层数：	37层
核心建筑总高度：	160m
设计时间：	2009年

孙　勇

Sun Yong

1996年毕业于哈尔滨建筑大学建筑系
1996—1999年，天津市建筑设计院海南分院
2007年赴德国汉诺威大学建筑学院研修
天津市建筑设计院设计三所 主任建筑师
国家一级注册建筑师
高级建筑师

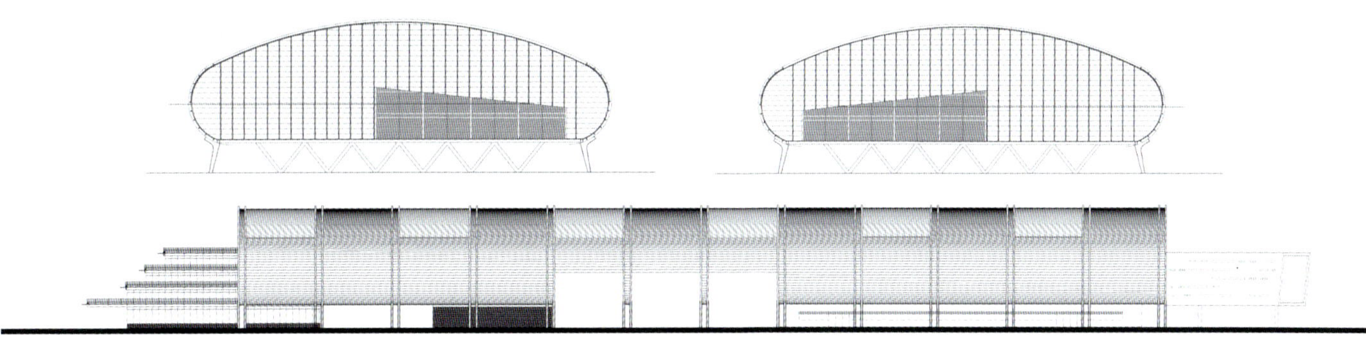

立面

无锡惠山区体育中心

建筑设计理念　Philosophy of Architectural Design

方案以“鼋渚春涛”立意，写意有巨石突入湖中，以典雅极致、透明轻盈的空间体悬浮在波光粼粼的水面上。

空间构成：它像一个外表光滑且高科技的容器，视觉上是一个大型透明轻盈的空间体悬浮在平整的深色混凝土构筑物上，被一个大型的玻璃与金属组成的气泡般的外壳所包覆着。屋顶与立面融为一体，金属椭圆状剖面的壳是建筑最重要特色。金属与玻璃交相辉映，如微风过后波光粼粼的湖面。作为城市重要地标，建筑仿佛是座灯塔，从建筑内部向外望去，整个城市展现在屏幕上。

设计把整个建筑连成一体，体育馆和游泳馆分置两侧，由位于中轴线的大楼梯联系。各功能体之间安排着公共空间，公共空间将以其宽敞、通透、不受限制的景观等内部效果，给人留下极好的印象。主要的空间是两端开放，中间是敞开的入口空间，像隧道般的空间，不仅为建筑物的使用者提供聚会场所，而且联系着各机能体的其他空间。

主要技术经济指标　Technological Specification

建设地点：　北起堰新路，南至锡山高级中学，东靠堰桥河，西临西环路
主要用途：　体育馆、游泳馆、体育招待所
总用地面积：　46 017m^2
总建筑面积：　33 800m^2
核心建筑总高度：　28m
设计时间：　2004年

齐齐哈尔火车南站

建筑设计理念　Philosophy of Architectural Design

齐齐哈尔火车南站的设计灵感来源于飞翔的丹顶鹤，以“鹤鸣九皋”为设计理念，利用折纸的手法，以“翼翼飞鸾”的姿态，以“遨游长空”的态势，使建筑简洁硬朗富于动感，庄重大气富于力度，符合当地的地域文化和气候特点。

站房的立面与屋顶元素统一，渐变而韵律的羽翼肌理，既会聚于中心又向四周发散，以展翅腾飞之势，寓意着车站迎来送往的使命，更象征着齐齐哈尔老工业基地的经济腾飞与繁荣发展。

结合城市规划和路网规划，作为城市主轴线的东端，站前西广场延续城市主轴线并合二为一，总体上形成气势。站前广场总面积约7.6万m^2，以大面积的硬质铺装的集散广场、绿地和绿坡突出车站主题，广场呈中央对称，中间是疏散广场，两侧结合绿化景观和小品的布置，形成一个个休闲区域。广场轴线与车站主体轴线重合，作为城市主轴的尽端节点，强化和突出车站的重要性和唯一性。

站前局部区域为了丰富城市景观采用了曲线路径，形成主干道、次干道、支路三级道路系统。以卜奎大街、水师公路、站前大街为骨干，构成新车站与整个城市的便捷联系。在广场的西北和西南分别设置长途汽车站和公共交通站，地下设置出租汽车和社会车辆的停车场。

主要技术经济指标　Technological Specification

建设地点：　齐齐哈尔市龙沙区
主要用途：　交通枢纽
总用地面积：　49 000m^2
总建筑面积：　50 000m^2
核心建筑层数：　3层
核心建筑总高度：　36m
设计时间：　2009年

4
站台
开往
开点
to
5
站台
CRH

QIQIH

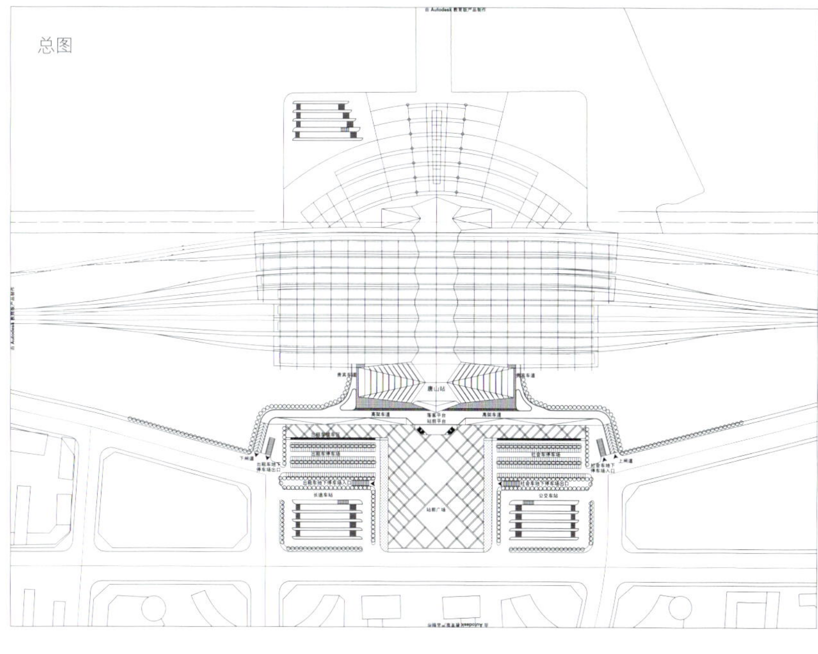

总图
唐山站
高架车道
落客平台
站前平台
出租车停车场
社会车停车场
下匝道
上匝道
出租车地下停车场出口
社会车地下停车场入口
出租车地下停车场入口
社会车地下停车场出口
长途车站
公交车站
站前广场

韩玲弟

Han Lingdi

天津市建筑设计院 总建筑师

国家一级注册建筑师

正高级建筑师

享受国务院特殊津贴专家

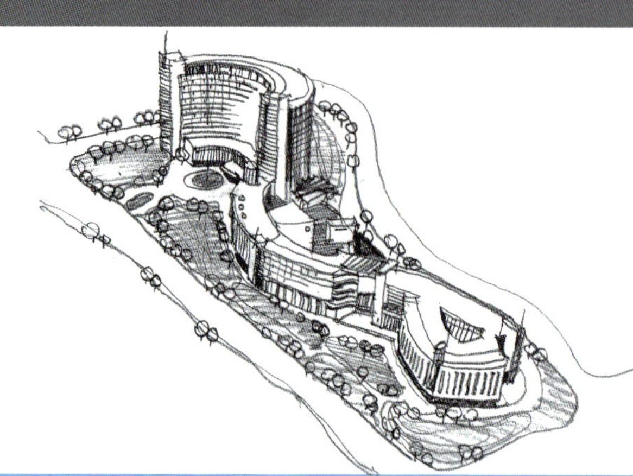

新文化中心

建筑设计理念 Philosophy of Architectural Design

天津新文化中心设计以“创造文化城市空间”为线索，以“开放型城市文化空间，海河沿岸标志性开放文化空间”功能定位为依据，根据文化及人文特色进行规划设计。通过不同交流空间以及各类型空间的组合、氛围的营造，自然构成其强烈的认同感、亲切感。平面构图整体布局与中国古代的吉祥物“如意”的形状不谋而合。如意本身就是我国古代玉器文化与精神文化的代表，将“如意”这一寓意作为我们方案设计的立意所在，即在传承文化的基础上开拓和发展新时代天津的新文化。

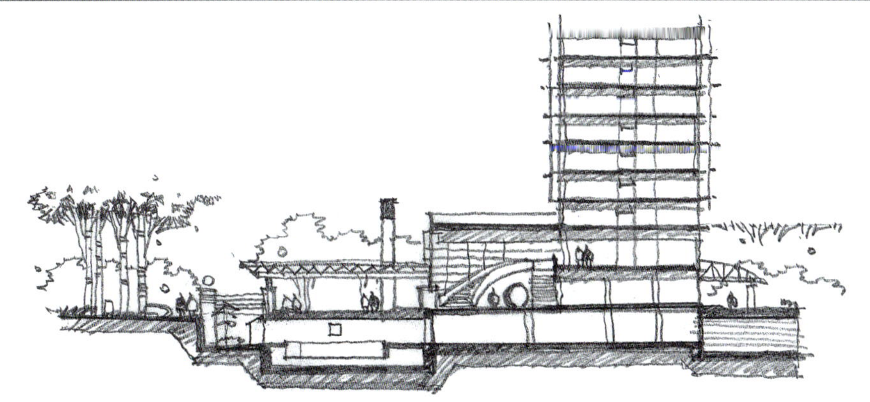

主要技术经济指标　Technological Specification

建设地点：　天津市河北区海河东岸
主要用途：　综合建筑
总用地面积：　53 981.3m²
总建筑面积：　96 600m²
核心建筑层数：　地上16层，地下1层
核心建筑总高度：　66.5m
设计时间：　2009年

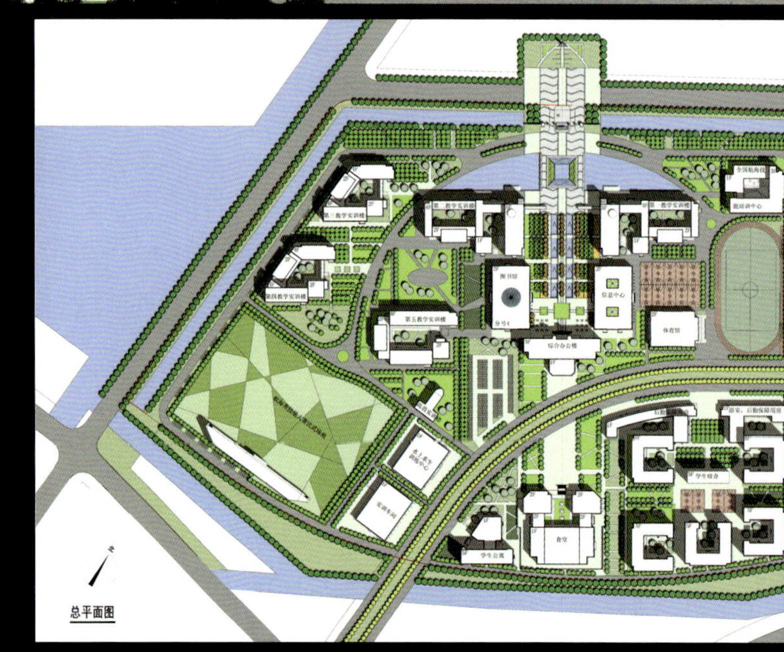

总平面图

天津海运职业学院

建筑设计理念 Philosophy of Architectural Design

天津海运职业学院是中国天津海河教育园区一期示范园区七所院校中的一所高等职业教育院校，是我国华北、西北地区唯一的一所高职级别的航海类技能教育院校。

海河教育园区规划选址位于海河中游南岸的津南区内，海运学院的设计无论整体规划还是建筑造型均遵循海河教育园区总体规划导则要求，同时又力求突出海运学院自身特点，做到园林风光、大气洋气、稳重朴素、富有内涵，创造出一种适合学生学习的氛围，功能分区明确，流线清晰。

学校的核心建筑采用中轴对称布局。由一条60m宽的水景轴线结合绿化引出，以航海、轮机两个主要专业教学实训楼展开布局，借助入口的弧形水面及广场形成一种开敞的室外空间，犹如伸开的双臂拥抱整个海河教育园区，营造出海运学院宽广、大气的氛围。

海运职业学院规划方案的空间形态变化丰富，既有开敞的室外空间，又有相对封闭的内庭院，这些多变的室外空间，配以错落有致的建筑单体，既丰富了空间轮廓线又给在这里读书的学生以特殊的印象和温馨的读书环境。

主要技术经济指标　Technological Specification

建设地点：　天津市津南区咸水沽
主要用途：　教育
总用地面积：　433 900m^2
总建筑面积：　203 900m^2
核心建筑层数：　5层
核心建筑总高度：　20m
设计时间：　2009年

杨柳青某商业建筑

建筑设计理念 Philosophy of Architectural Design

该项目坐落在天津杨柳青镇，目前该地块周边为大屋顶中式建筑所环绕。主要功能为餐饮及小店铺，已经形成一定规模的商业气氛。

建筑主体地上5层，地下1层，为一个集购物、餐厅、娱乐休闲为一体的大型商业中心。

建筑造型力求融入已形成的建筑氛围中。沿袭中式建筑风格，选取一些中式建筑元素、符号，如坡顶、青砖、中式窗棂等。建筑色彩以青砖、灰瓦、红色柱集中渲染，与相邻建筑取得了良好的呼应和对话。局部点缀的幕墙，使中式建筑中透着现代建筑的气息，营造出浓郁的商业建筑氛围。

主要技术经济指标 Technological Specification

建设地点： 天津市杨柳青镇
主要用途： 商业
总用地面积： 21 367m²
总建筑面积： 57 500m²
核心建筑层数： 5层
核心建筑总高度： 29.0m
设计时间： 2008年

天津市开发区科技孵化中心

建筑设计理念 Philosophy of Architectural Design

天津开发区科技孵化中心是一幢集研发、办公、会议展示于一体的综合建筑群体。坐落于开发区中心区，地理位置显要。该建筑采用现代建筑设计语汇，力求简约、大气、时尚的建筑风格。平面采用9.0m×9.0m柱网，形成开敞式大空间，以满足不同功能的使用需求。

主要技术经济指标 Technological Specification

建设地点： 天津市开发区
主要用途： 综合
总用地面积： 13 000m^2
总建筑面积： 36 000m^2
核心建筑层数： 4层
核心建筑总高度： 23.0m
设计时间： 2007年

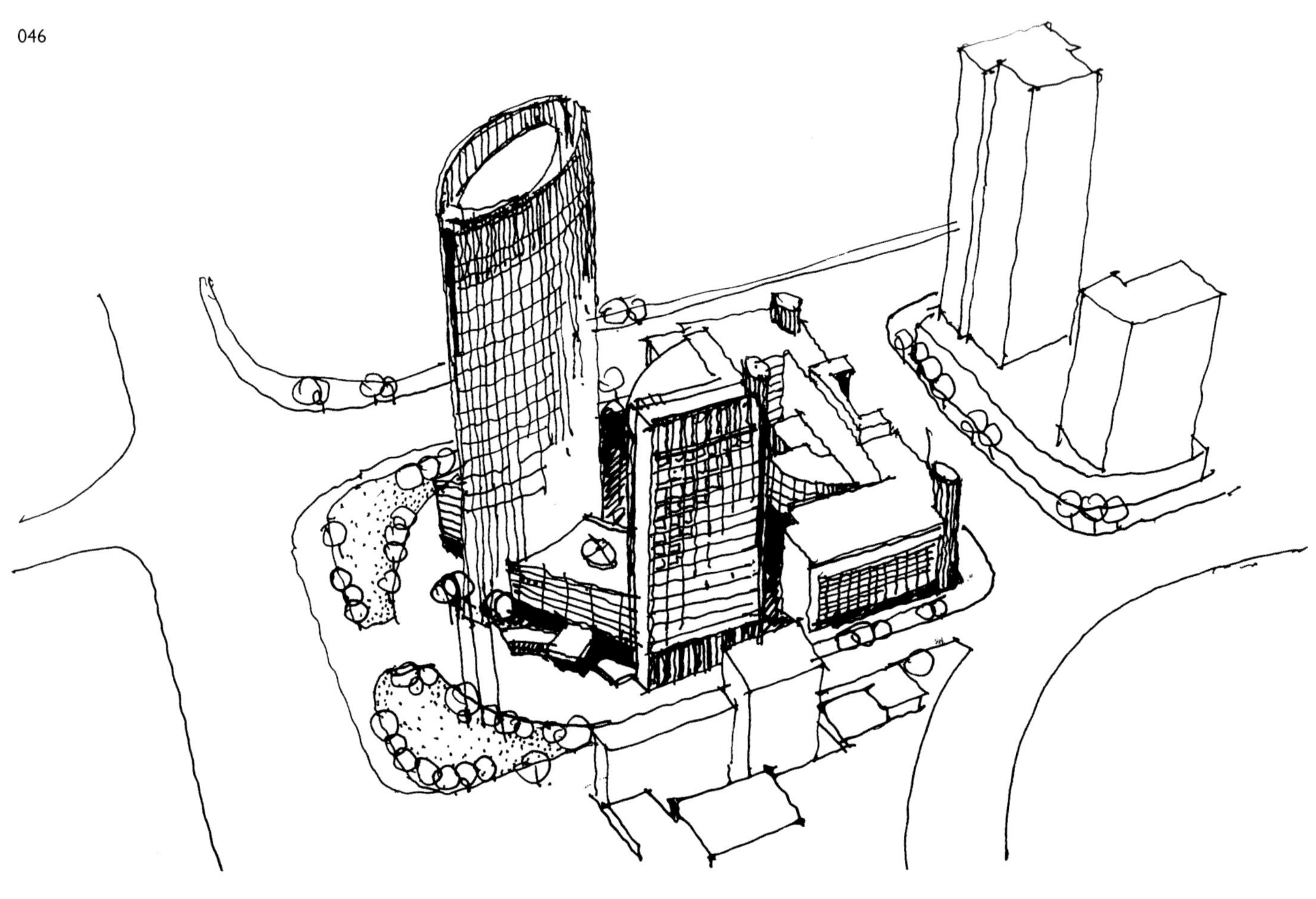

天津市旅游培训中心

建筑设计理念 Philosophy of Architectural Design

本工程坐落在和平区南门外大街与福安大街交口的东南角，原长征中学旧址。该院校可容纳2 500名学生，由三组建筑围合而成。

实训楼是一幢集客房、餐饮、娱乐、购物、会议厅为一体的综合性建筑，是为满足在校学生及社会培训现代化服务业实习所需的场所。综合楼是一幢集住宿、实习、餐厅、活动于一体的综合建筑。教学楼是一幢集普通教室、报告厅、实习室、计算机教室、阅览室于一体的多功能教学楼。

建筑形式力求体现教育建筑简约、朴质、庄重的建筑风格，三幢使用功能不同的建筑，在建筑形式上协调统一，形成一个有机的整体建筑。它的建成无疑将成为这一地区的又一标志性建筑组群。

主要技术经济指标 Technological Specification

建设地点：天津市南门外大街与福安大街交口处

主要用途：教育

总用地面积：12 000m^2

总建筑面积：74 043m^2

核心建筑层数：23层

核心建筑总高度：92.7m

设计时间：2007年

YOU ZHI ZHUAN

陈 刚
Chen Gang

天津市建筑设计院设计四所 所长
国家一级注册建筑师
正高级建筑师

华北国际工业原料城规划设计方案

建筑设计理念 Philosophy of Architectural Design

华北国际工业原料城坐落在天津市武清区京津公路旁，是集交易、展示、电子商务、信息交流、仓储、配送、货运以及金融结算等功能于一体的超大规模制造业原材料专业交易中心。一期建筑包含综合服务区和商铺区两个部分。

综合服务区紧邻京津公路，由于空军军用机场的存在，区域内建筑高度限制在50m以下。方案利用地块“长”的特点，将整个建筑群的各个单体连为一体，保持统一的构成元素和立面形式，在京津公路近600m的沿线蔓延，用长和整体感使建筑形象突出，体现标志性。同时，在形象处理上，方案引入“门”的意向，寓意这组建筑是华北城的核心，是坐落在华北地区，面向全国的大型现代化物流集散交易中心的门户和标志。

在商铺的规划中，针对这种既有的小体量、大规模的高密度单元化建筑模式，引入了12m主街和8m背街交替布局的设计，实现经营界面和后勤界面分离的同时，提高主街的实际使用宽度，扩大了购物者集结使用的空间。这一方案，在一定程度上实现了行列布局概念的优化。同时，在细节设计上，通过优化区域排水设施，减小了商铺和步行街的室内外高差，将其控制在150mm，取消了台阶，实现了步行街与商铺的水平连接，尽可能地提高购物者空间感受的舒适度。

主要技术经济指标 Technological Specification

建设地点： 武清区京津公路与京津高速联络线西北侧
主要用途： 商业
总用地面积： 349 000m²
总建筑面积： 400 000m²
核心建筑层数： 3层
核心建筑总高度： 16.6m
设计时间： 2008年

华北国际工业原料城

沈阳嘉里中心

建筑设计理念 Philosophy of Architectural Design

沈阳嘉里中心项目是嘉里（沈阳）房地产开发有限公司拟开发的综合项目。其地块南临文化路，西侧为沈阳中轴线青年大街，东侧为建院街、地王花园及沈阳二中，北侧为文艺路，是沈河区的标志性地块，地理位置优越，交通便利，是开发高档综合项目的理想之处。

C地块为一期开发范围，东临沈阳二中，西临沈阳嘉里中心B地块，北临地王花园，南临文化路，业态为住宅及配套会所、餐饮、商业及幼儿园。

规划设计中充分尊重原地区既有建筑的交通流线，同时增加区域内自身各个地块之间的联系，区内道路力求通顺、流畅，住宅单元的布置，道路布局，景观设计等均从“以人为本”的角度考虑，注重人性化场所的营造，力图创造出一种精心规划的自然。

主要道路为区内环形，实现人车分流，6栋住宅之间围合特色的庭院景观，互相联系，互相渗透。

建筑单体户型在保证功能使用的同时，尽量减少公摊面积；每户户内隔墙均为轻质隔墙，为个性化的居住提供条件。建筑立面以暖黄色为基调，通过立面外窗形成垂直方向的韵律感，结合建筑门形的造型处理手法，形成现代、简洁、时尚、高贵的建筑风格。

主要技术经济指标 Technological Specification

建设地点：　沈阳市沈河区文化路与青年大街交口处
主要用途：　居住 公建
总用地面积：　41 000m^2
总建筑面积：　299 000m^2
核心建筑层数：　47层
核心建筑总高度：　150m
设计时间：　2009年

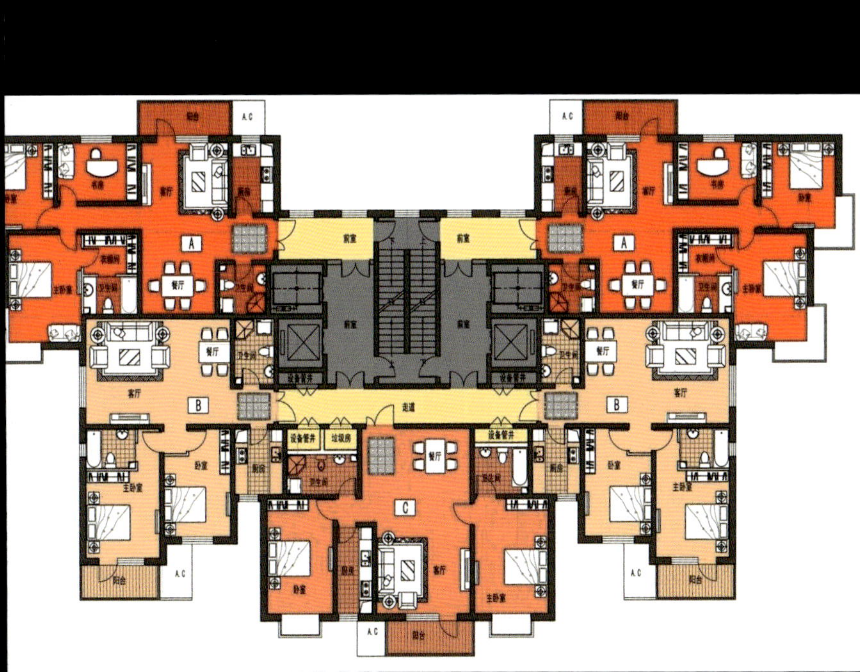
阳台
A.C
书房
客厅
厨房
A
餐厅
主卧室
卫生间
衣帽间
前室
B
走道
设备管井
垃圾房
C
卧室
主卧室

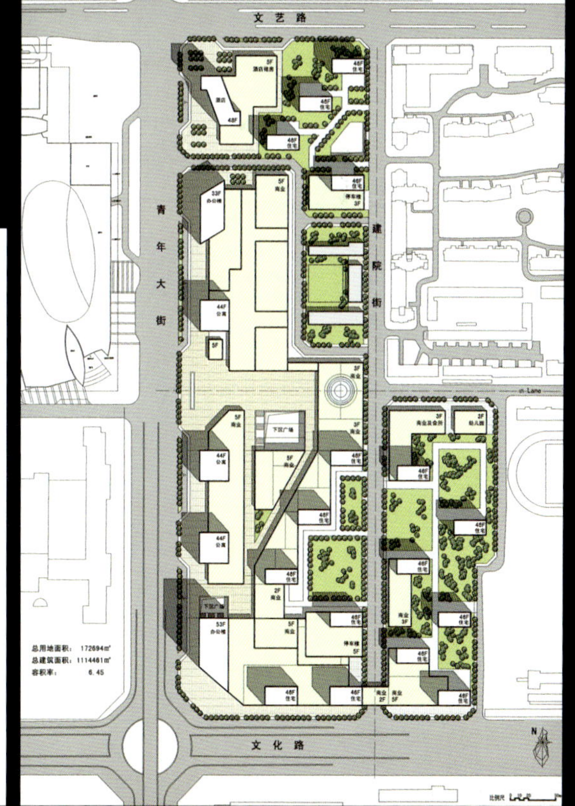
文艺路
文化路
青年大街
建院街
5F
酒店裙房
酒店
48F
住宅
33F
办公楼
商业
停车楼
3F
44F
公寓
下沉广场
2F
53F
商业及会所
幼儿园
总用地面积：172694㎡
总建筑面积：1114461㎡
容积率：6.45
N

王达仁
Wang Daren

天津市建筑设计院设计四所 总建筑师
国家一级注册建筑师

1.2.3.4.5.7号楼鸟瞰

天津市华明新家园10号地限价商品房小区

建筑设计理念 Philosophy of Architectural Design

华明新家园10号地限价商品房小区的总体设计力求体现“以人为本”的设计思想，着力打造90m^{2}以下经典小户型，以解决城市中、低收入家庭的住房问题。创造一个具有丰富生活内涵的空间形态，舒适方便、安全优美的居住环境。

规划布局向外充分体现结合城市地域环境的人文地理内涵，向内以形成小区独特的温馨、简洁、明快的环境为目标。小区整体建筑围合形成主次分明的组团，形成不同的景观节点，中心绿地与组团绿地有机结合，公建配套均匀合理，设施齐全，住宅房型多样，且适用于该地区的销售需求，建筑造型新颖独特，营造出淳朴的自然都市田园风情。

在利用新材料、新技术上，本工程设计突出节能环保的理念，使用新型环保的节能保温材料，在达到居住建筑节能标准的基础上，尽可能降低造价。此外，整个小区设有太阳能热水系统，采用集中式供热水系统，屋顶集中设置集热器及热水箱，系统便于集中管理及维护，热水使用便于平衡，给水、中水及热水均设置分户计量表，利于节能及管理。设计结合建筑平面及立面布置太阳能集热器，可分散、可组合灵活布置，力求做到太阳能集热器与建筑的完美组合， 既符合了生态建筑、绿色建筑的理念，又丰富了建筑顶部造型。

主要技术经济指标 Technological Specification

建设地点：	天津市东丽区华明居住区
主要用途：	住宅
总用地面积：	366 424m^2
总建筑面积：	321 400m^2
核心建筑层数：	6，11，18层
核心建筑总高度：	17.4 m，31.9m，52.2m
设计时间：	2007年

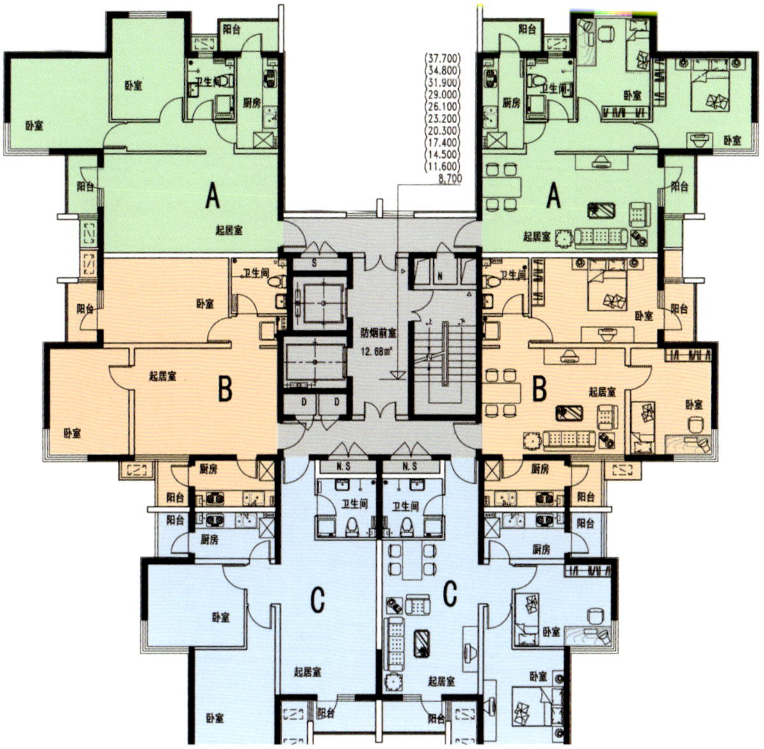

标准层平面图

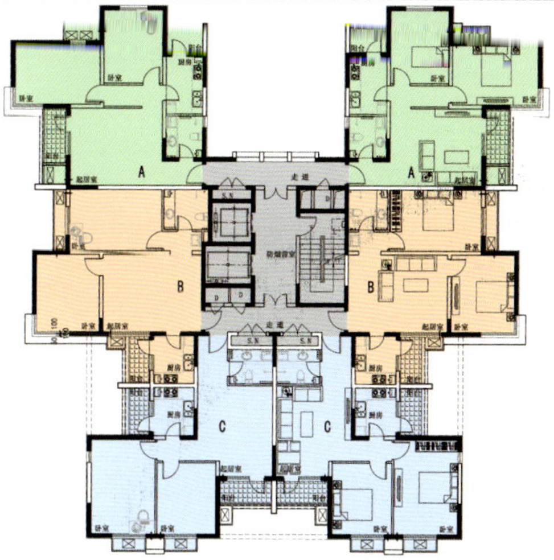

标准层平面图

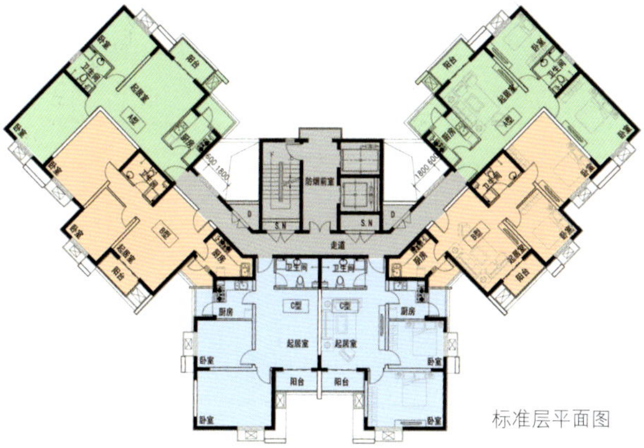

标准层平面图

福州道易初莲花超市

建筑设计理念　Philosophy of Architectural Design

该项目位于塘沽区福州道北侧，百旗广场西侧，其东北两侧分别遥望京唐高速公路，位置显赫，因此该工程的建筑设计和规划布局均考虑对周围环境的呼应。在建筑风格上，充分体现新材料、新科技的建筑特点，充分体现时代感，体型简洁明快，线条挺拔向上，弧形的玻璃墙面与实体墙面虚实对比强烈，局部又做了丰富的细部刻画，展示现代建筑的韵律。同时为了体现滨海这一特定的地域特色，商业中心内塑造了一系列的休闲购物的环境，给购物人一个亲切温馨的感觉。

本方案的平面布局强调均好性的理念，既强调合理地利用绿地花木铺地资源，强调自然和人工景观环境资源的共享，又在交叉的道路景点上布置了城市绿地，以温馨美好的环境最大限度地满足使用者的心理和精神需求。

全面提高环境设计水平，形成以点、线、面相结合的方式，创造一个立体的绿色生态环境的设计观念，运用绿化停车位、步行通道、铺地等各种艺术手段，将带状绿化引入城市绿地，使建筑融入自然环境，展现环境艺术的魅力，表达地域文化的内涵。因此，在规划设计上，精心考虑了每个商业店铺的环境，并形成了以商业街为背景动静结合的人文景观，给每一个到此休闲购物的个体一个优美的景观。

主要技术经济指标　Technological Specification

建设地点：　天津市塘沽区福州道
主要用途：　商业
总用地面积：　28 592m^2
总建筑面积：　41 554m^2
核心建筑层数：　2层
核心建筑总高度：　12m
设计时间：　2005年

Lotus
易初莲花

李 欣
Li Xin

2006年毕业于天津大学建筑学院获硕士学位
天津市建筑设计院设计四所 副主任建筑师

金海墅——滴水湖酒店式公寓和商务中心项目

建筑设计理念 Philosophy of Architectural Design

天津滴水湖酒店式公寓和商务中心项目位于静海县团泊湖区域，环境条件得天独厚。

项目由180余幢各具特色的独栋别墅组成，总体规划突出环境特色，淡化传统大尺度组团的空间处理手法，强调以院落为基本单位，形成可进入、可到达、可触摸、可品味的景观系统，将35%的绿化率均匀分散到各个生活单元，形成一套完全、高效的“天然氧吧”系统，既创造出丰富、宜人的私人宅前空间，更便于日常维护管理，保证整个区域的长期活力，提高使用者的生活质量。

单体设计通过饰面材料、颜色、虚实阳台、构架、风格符号等要素的细微处理，将十余种建筑形式融入整个区域中，使人不论行至道路的哪一段，都能感到不同建筑风格的精细与个性，感受到它们各自营造的独特氛围。

主要技术经济指标 Technological Specification

建设地点： 天津静海
主要用途： 住宅
总用地面积： 240 514m^2
总建筑面积： 173 820m^2
核心建筑层数： 3层
核心建筑总高度： 10m
设计时间： 2009年

天津滴水湖大酒店

建筑设计理念　Philosophy of Architectural Design

天津滴水湖大酒店坐落在天津市静海县，定位五星级休闲酒店，客房160间。

酒店以滴水湖为主题，围绕湖面形成由一座30 000m²的酒店主楼和20余个别墅式亲水客房组成的酒店区域。各区域结合入口广场的音乐喷泉，后广场近60m的线形人造水景与湖水一气呵成，创造出独特的视觉效果，形成"湖边人家"的别样意境。结合温泉特色，充分体现郊野庄园式的休闲酒店特色，与市内酒店形成鲜明差异。

主要技术经济指标　Technological Specification

建设地点：　天津静海
主要用途：　酒店
总用地面积：　22 183m²
总建筑面积：　35 980m²
核心建筑层数：　5层
核心建筑总高度：　24m
设计时间：　2009年

2010年上海世博会中国馆设计方案

建筑设计理念　Philosophy of Architectural Design

2010年上海世博会中国馆的主题是“城市发展中的中华智慧”。设计方案要求突出中华文化的精髓，通过简洁、现代的设计语言，通过鲜明的和具有时代性的建筑外观，展示以“和谐”为核心的中华智慧。

方案的灵感来自中国传统文化中《易经》的阴阳一体、和谐统一思想，这一思想被认为是中国社会和谐的关键，更是世界和谐的钥匙。

而方案的表现采用莫比乌斯环。来自西方的莫比乌斯环是中国易经阴阳一体思想的现代科学模型，体现了中西合璧、和谐统一的思想。同时在建筑空间上，室内、室外你中有我、我中有你，阴阳互易、阴阳一体。

主要技术经济指标　Technological Specification

建设地点：　上海市世博园
主要用途：　展览
总用地面积：　65 200m^2
总建筑面积：　50 032m^2
核心建筑层数：　4层
核心建筑总高度：　42m
设计时间：　2007年

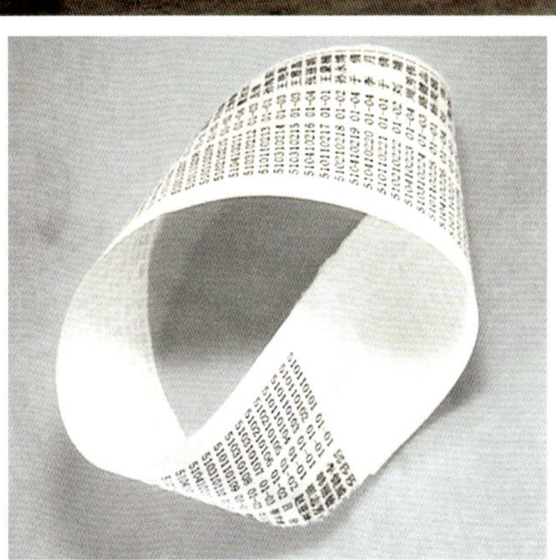

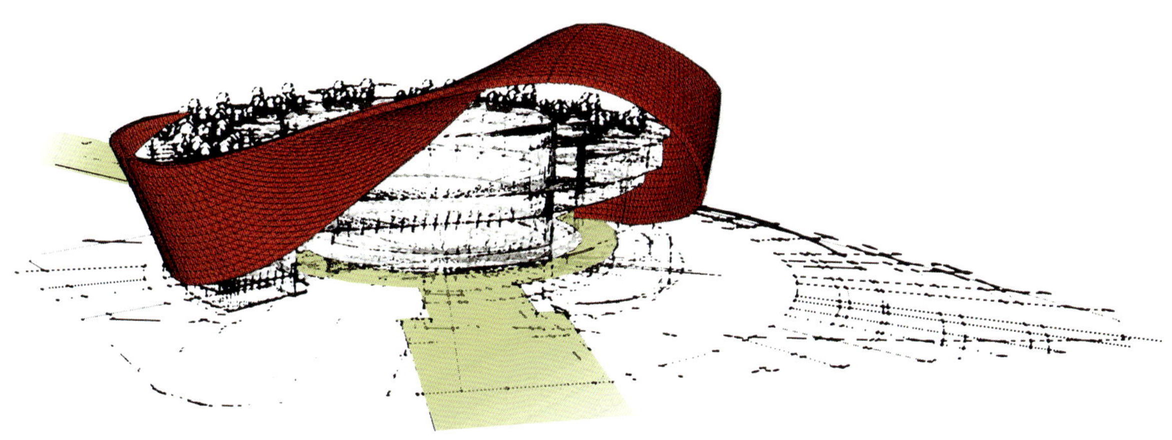

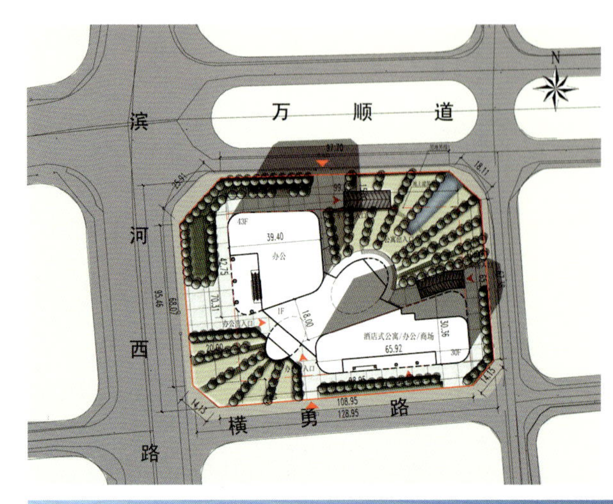

响螺湾商务区新兴重工滨海财富中心

建筑设计理念 Philosophy of Architectural Design

该项目位于响螺湾商务区C-03地块，方案采用双塔布局。北侧主塔高180m，集合了商务办公、CEO会馆和星级酒店等多种功能。南侧公寓塔楼从功能出发，紧邻城市绿化中庭，充分争取最佳景观和朝向。结合商业裙房，形成了功能齐全、具有24小时活力的城市综合体。

在有限的建设用地中，为最大限度地争取日照，保证标准层平面的经济性，我们采用楔形布局。在拉大双塔视觉间距的同时，强调了各单体南向有效使用空间的比率，突出了功能的合理性和实用性。并在街角为城市提供了一条连接横纵方向的斜向视觉通道，形成开放活跃的城市空间。

楔形的平面造型，也实现了独特的建筑形体。配合烤瓷面白色外檐金属挂板，突出形体特征，形成简单而丰富的横向线性肌理主题。同时，合理点缀少量的玻璃幕墙，进一步强化了建筑的造型特征的同时，为进一步实现绿色设计打下了基础。实现该项目简约、大气、现代的商务气质和高完成度的设计追求。

主要技术经济指标 Technological Specification

建设地点：天津滨海新区响螺湾商务区
主要用途：办公、公寓、商业
总用地面积：11 760m^2
总建筑面积：116 800m^2
核心建筑层数：43层
核心建筑总高度：180m
设计时间：2010年

天津演艺中心设计方案

建筑设计理念　Philosophy of Architectural Design

天津演艺中心位于天津市河西区天津文化中心区内，由三个独立剧场组成。方案重点解决的就是三个单体的结合问题，创造一个统一的表皮。针对这类建筑国内和国际上已经有不少先例，最著名的莫过于中国国家大剧院。

该方案的灵感来自于天津的城市特征——水，我们称她为水剧场。在设计中避免用建筑形体体现水的特点，而是在保持纯粹形体的前提下，将真实的水通过称为WSP的“水墙”技术，艺术地嫁接在建筑体表面，形成建筑体可变的表皮，成为建筑的多媒体外檐。

主要技术经济指标　Technological Specification

建设地点：　天津市河西区友谊路
主要用途：　剧院
总用地面积：　61 000m²
总建筑面积：　68 200m²
核心建筑层数：　1层
核心建筑总高度：　30m
设计时间：　2009年

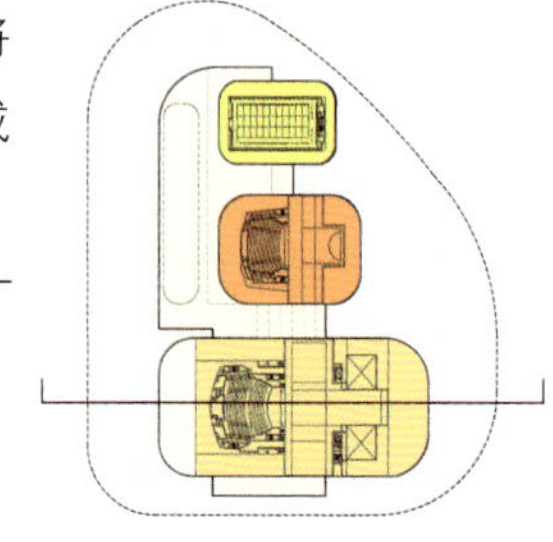

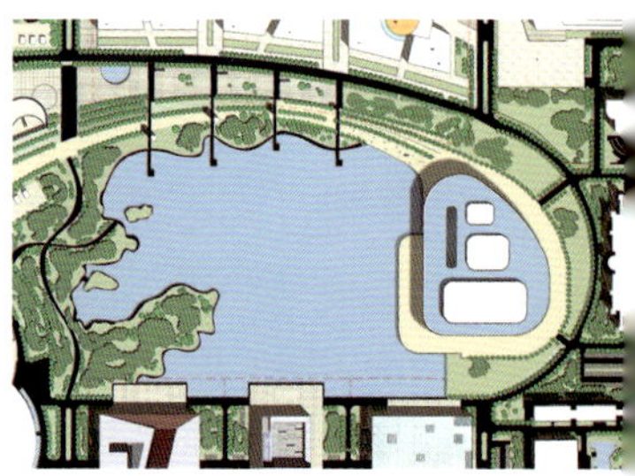

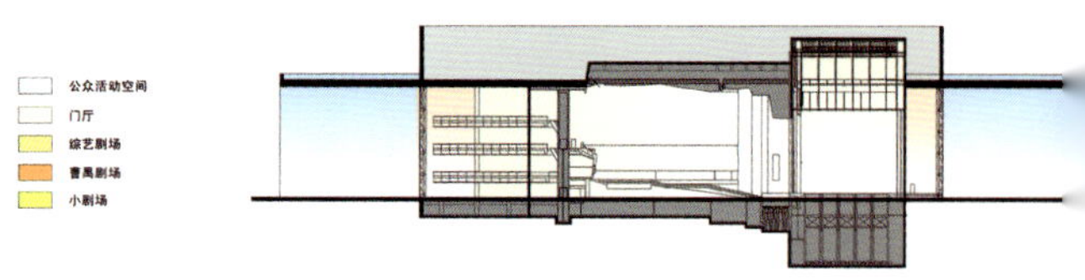

某银行档案馆

建筑设计理念 Philosophy of Architectural Design

在该项目的设计中，我们以体现档案馆建筑特殊的功能要求为出发点，运用简约的体量构成，配合精致的细部，体现项目特征。

突出库房的无窗设计，通过实墙面、半透明金属板网和透明的玻璃幕墙之间的穿插、对比，打破传统档案馆建筑沉重死板的无窗外墙设计方式。同时金属板网可以起到一部分减少西晒、减缓风速的作用，有利于保持外墙的温湿平衡，得到相对比较稳定的物理环境，实现功能与形式的完美结合。

主要技术经济指标 Technological Specification

建设地点：天津宁河

主要用途：办公、档案

总用地面积：1 724m^2

总建筑面积：7 036m^2

核心建筑层数：8层

核心建筑总高度：29.4m

设计时间：2008年

李仲成
Li Zhongcheng

1987年毕业于天津大学建筑系
天津市建筑设计院 副总建筑师
设计五所 执行总建筑师、副所长

中船重工大厦

建筑设计理念 Philosophy of Architectural Design

中船重工大厦工程在立面设计上力求体现现代建筑，简洁、明快，稳重的设计手法，体现办公建筑的性质；内外空间相互融合。建筑采用竖向玻璃窗与石材相结合，体现现代与技术的完美结合。

整个立面及塔楼的处理摒弃了任何繁复的装饰，设计追求合理的开窗比例及采光的均好性，以每3层为竖向单元，2~3个单元为一组，以避难层作为分隔，达到统一的视觉效果。

主要技术经济指标 Technological Specification

建设地点： 天津市塘沽区响锣湾商务区
主要用途： 科研办公
总用地面积： 9 665m²
总建筑面积： 76 645m²
核心建筑层数： 30层
核心建筑总高度： 128m
设计时间： 2006年

陈天泽
Chen Tianze

2002年毕业于天津大学建筑学院建筑系
天津市建筑设计院设计六所 所长、所总建筑师

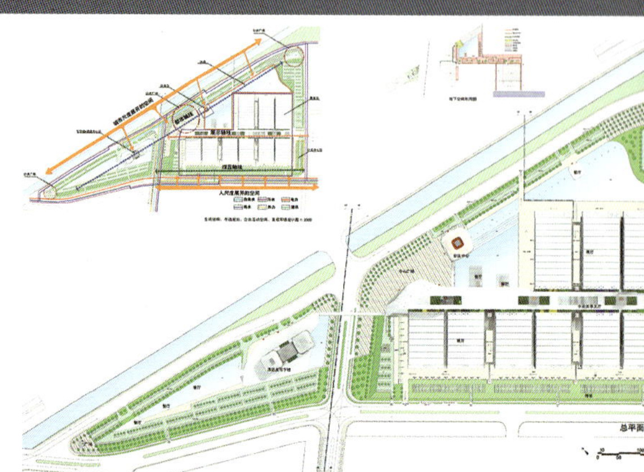

天津国际会展中心

建筑设计理念 Philosophy of Architectural Design

天津国际会展中心定位为大型综合性国际展览中心级会议中心，以创造天津独有的先进环保型国际会展中心为设计主题，并提出以下三个设计理念作为具体设计指导。

1.以象征水都天津的水为主题，通过水景广场和行云流水般的生态屋顶来描绘城市景观及建筑形态，创造水上会展中心；

2.从用地周边环境出发设定展示之轴与城市之轴，通过“两条主轴”强化用地连续性，统括设施布局；

3.通过单层组织主要功能，打造功能合理、使用便捷、开放共享 “具有普遍性的展示场”。

在整体规划上，从开放空间、总体结构、环境设计三方面通盘考虑，分别以“水”、“广场”、“两条轴线”以及“协调周边环境”为布局理念；以在同一标高层内解决交通流线为基本原则，合理组织车流及人流进出馆路线；景观设计围绕水做文章，通过水的互动效应提升会展中心活力，使其形成魅力四射的景观环境；此外，还对环境照明进行了专项设计，创造了绚丽多姿的演绎气氛来烘托建筑主体，同时，在通风、采光、表皮设计等方面采用多项先进生态技术。

展厅突出灵活空间布局，满足多种展览会及多种展示布局的需求，展位尺寸为国际标准尺寸，展览厅采用90m排架，内部形成无柱空间，在空间利用和平面布局上都达到最优。展厅净高满足各类展示会需求。展厅长边方向端部设有侧天窗，与天花15m（结构梁处）间隔的天窗共同实现可控的自然采光与换气。在展览会举办时，可以通过侧天窗及天窗百叶调整进光量。

主要技术经济指标 Technological Specification

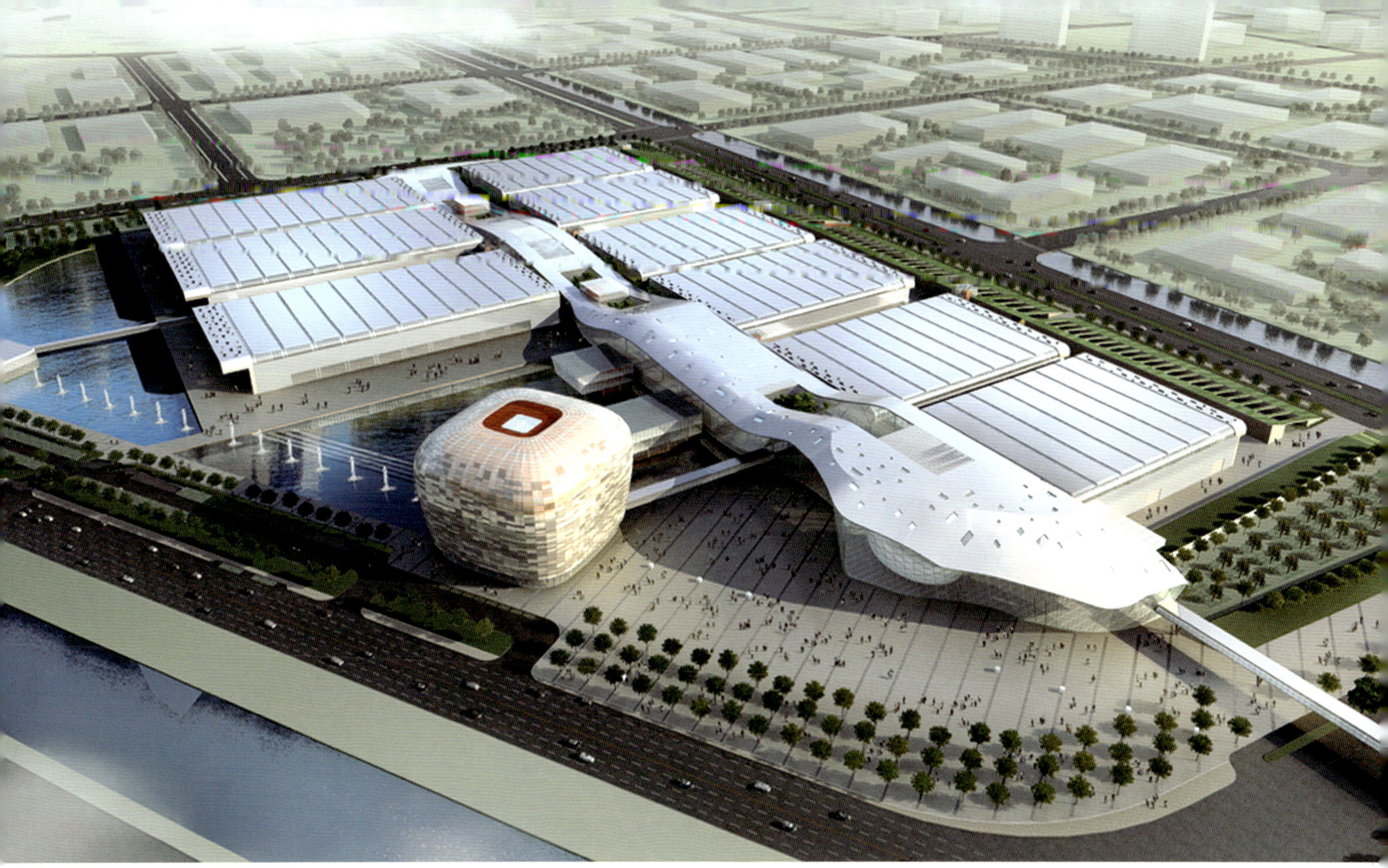

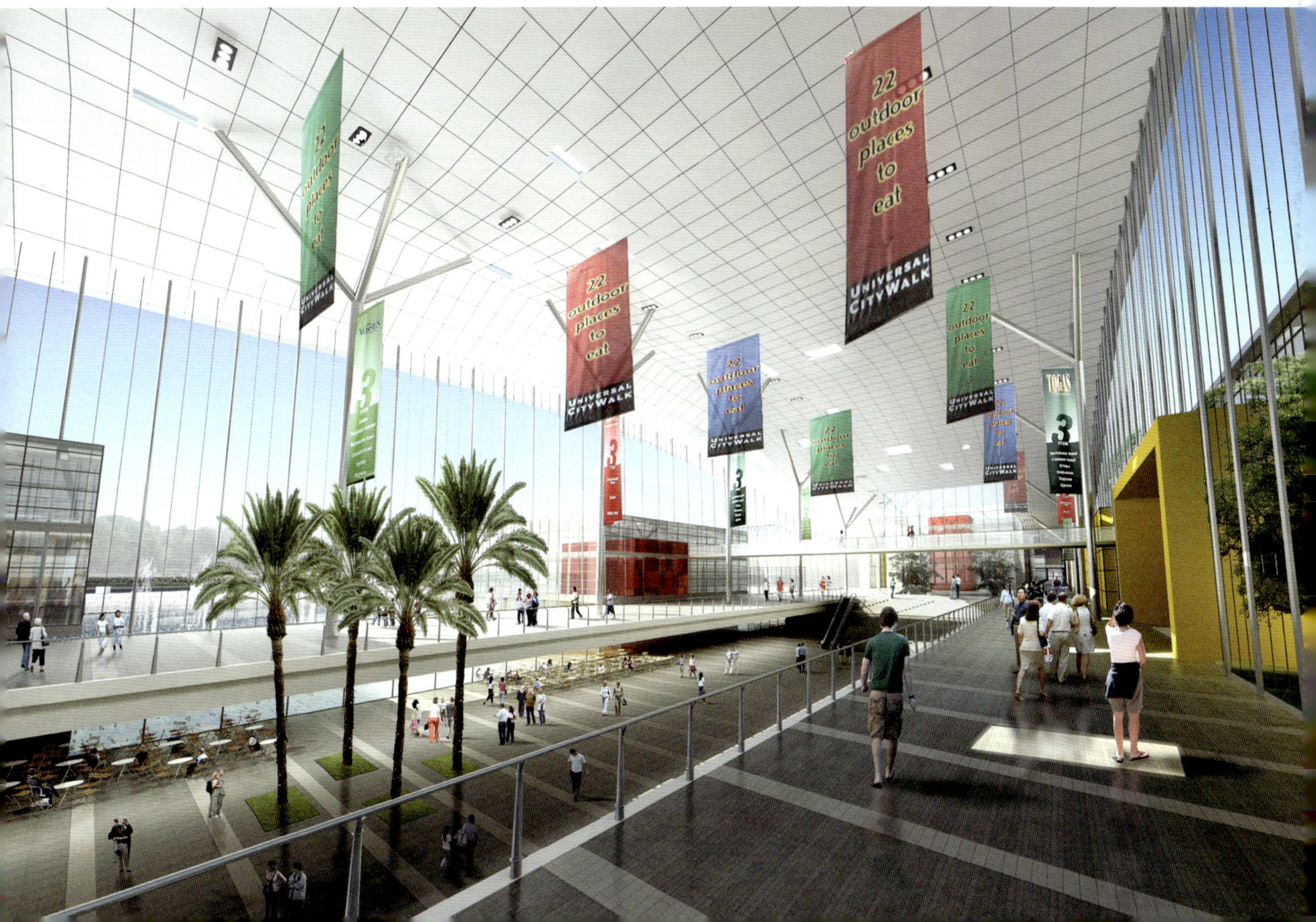
22
outdoor
places
to
eat
UNIVERSAL
CITYWALK
22
outdoor
places
to
eat
UNIVERSAL
CITYWALK

越南体育馆

建筑设计理念 Philosophy of Architectural Design

该项目位于越南的首都河内，周围地势平坦，自然条件极佳，空气清新宜人。本田径馆是以室内田径比赛和训练为主的体育建筑，建筑等级为甲级，建筑结构形式主体为钢筋混凝土框架结构，主体部分屋盖为钢结构网架。

田径馆内布置有6道长200m的椭圆形标准室内跑道。椭圆形标准跑道内设有6道直道，用作60m短跑和跨栏跑，直道两边设有跳高、撑竿跳高、跳远和三级跳远。另外，再设一个铅球投掷圈与落地区。馆内另设有一个2 500座观众看台（含100座贵宾席、30座记者席）、500座活动看台以及各种竞赛管理用房，运动员、新闻媒体用房。

建筑主体高度最高控制在23m左右，由中间逐渐向两边叠落，以层层叠叠、出挑深远的屋面及内外进退的立面处理，与传统建筑形成形式上的呼应，丰富建筑的体量变化，并运用现代材料和细部设计手法，蕴涵着神似于传统建筑形式的不懈追求。在形体设计中去零取整，纯化建筑形式，塑造大气简洁的建筑性格；在细部设计中去粗取精，利用简洁又极富韵律感的设计手法，通过对现代材料的运用，塑造精致的外观效果。同时，设计造型中又突出强烈的张力与运动感，充分体现体育建筑的性质特点。

主要技术经济指标 Technological Specification

建设地点：　越南河内
主要用途：　体育建筑
总用地面积：　34 000m²
总建筑面积：　12 000m²
核心建筑层数：　地上1层
核心建筑总高度：　15 m
设计时间：　2007年

天津滨海新区服务中心

建筑设计理念 Philosophy of Architectural Design

建筑由高低两办公塔楼组成，之间以服务中心相连，象征天津市区与滨海新区紧密联系，互为依托。基地内建筑设置三个主要入口。建筑坐北朝南进行对称式布局，强调稳重庄严的建筑性格。建筑造型采用竖线条构图，强调了挺拔和高耸，形成强烈的现代风格和独特的个性，达到标志性建筑的定位。建筑外饰面以涂料为主，主基调为深灰色与浅灰色相结合，庄严稳重，颜色明快。内部通过共享空间，采用天窗，达到内部功能的舒适宜人，形成高效的办公环境。

主要技术经济指标 Technological Specification

建设地点：	天津市滨海新区
主要用途：	办公
总用地面积：	862 300m^2
总建筑面积：	140 000m^2
核心建筑层数：	地上22层，地下2层
核心建筑总高度：	98.8 m
设计时间：	2008年

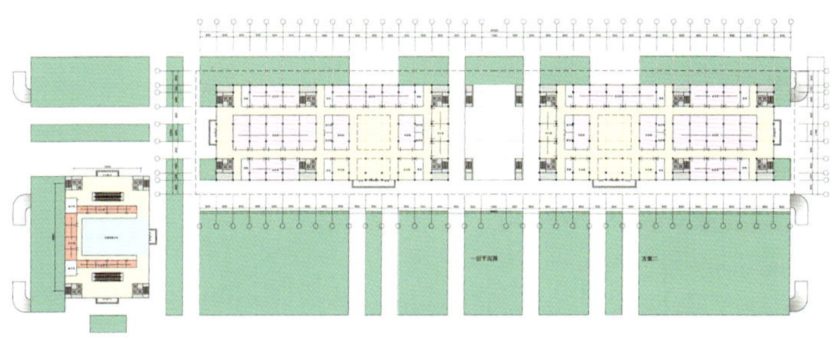

首层平面图

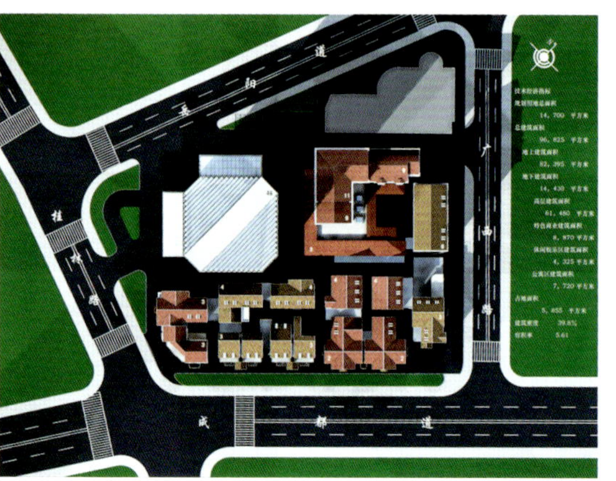

人民日报新闻培训中心

建筑设计理念　Philosophy of Architectural Design

建筑形象追求个性化和标志性，摒弃一切立面上的构图造型手法，从整体体形上下手，追求干净利落，简洁大气的建筑形象。主体为三段式构图，挺拔的建筑在顶部进行体量渐变，重重叠叠的顶部造型在削弱了建筑端部庞大体量的同时，更增强了建筑的外部识别性，并与传统书简取得了意向上的遥相呼应，将浓郁的书卷气息融于建筑之中。个性化的顶部处理无疑将使建筑具有了该地区独一无二的标志性。建筑主体采用竖线条处理手法，营造向上生长的心理感受，并在横向划分上与周边建筑形成尺度上的呼应与协调。

建筑以直线和45° 线为母题，以金属、玻璃为基本材料，极富现代气息的建筑与周边环境相得益彰。同时，精巧的构造，丰富的细部，适当的比例又使建筑具有一丝不苟的古典精神，赋予了这一地区特有的灵性。

主要技术经济指标　Technological Specification

建设地点：　天津市和平区
主要用途：　办公、酒店
总用地面积：　33 000m²
总建筑面积：　178 000m²
核心建筑层数：　地上50层，地下2层
核心建筑总高度：　238 m
设计时间：　2006年

石　锴
Shi Kai

2004年毕业于天津大学建筑学院
天津市建筑设计院设计五所 副主任建筑师

导航综合楼

建筑设计理念　Philosophy of Architectural Design

建筑项目位于一个新中国成立初期形成的老式军工科研机构大院内，基地内自然植被相当良好，建筑的总体布局充分考虑现有环境和军工科研机构的办公性质。沿街部分布置完整的高层体量，体现稳重、大气的建筑气质；从沿街至院内层层跌落下来的建筑体量，与院内其他建筑形成宜人尺度的院落式布局。

概念一为院落式空间布局。建筑整体呈围合式布局，以保留现有基地内树木和人工水系构成不同功能区域的分隔庭院。建筑由院内至外逐渐升起的体量，也以多层次的屋顶绿化丰富了室外空间。

概念二主要突出入口空间。沿街立面的首两层掏出一个约30m跨度的开敞空间，一层半高的由玻璃构成的贵宾门厅就坐落在大跨空间下的水面之上。

主要技术经济指标　Technological Specification

建设地点：　天津
主要用途：　科研、办公
总用地面积：　12 400m^2
总建筑面积：　39 690m^2
核心建筑层数：　8 层
核心建筑总高度：　42 m
设计时间：　2009年

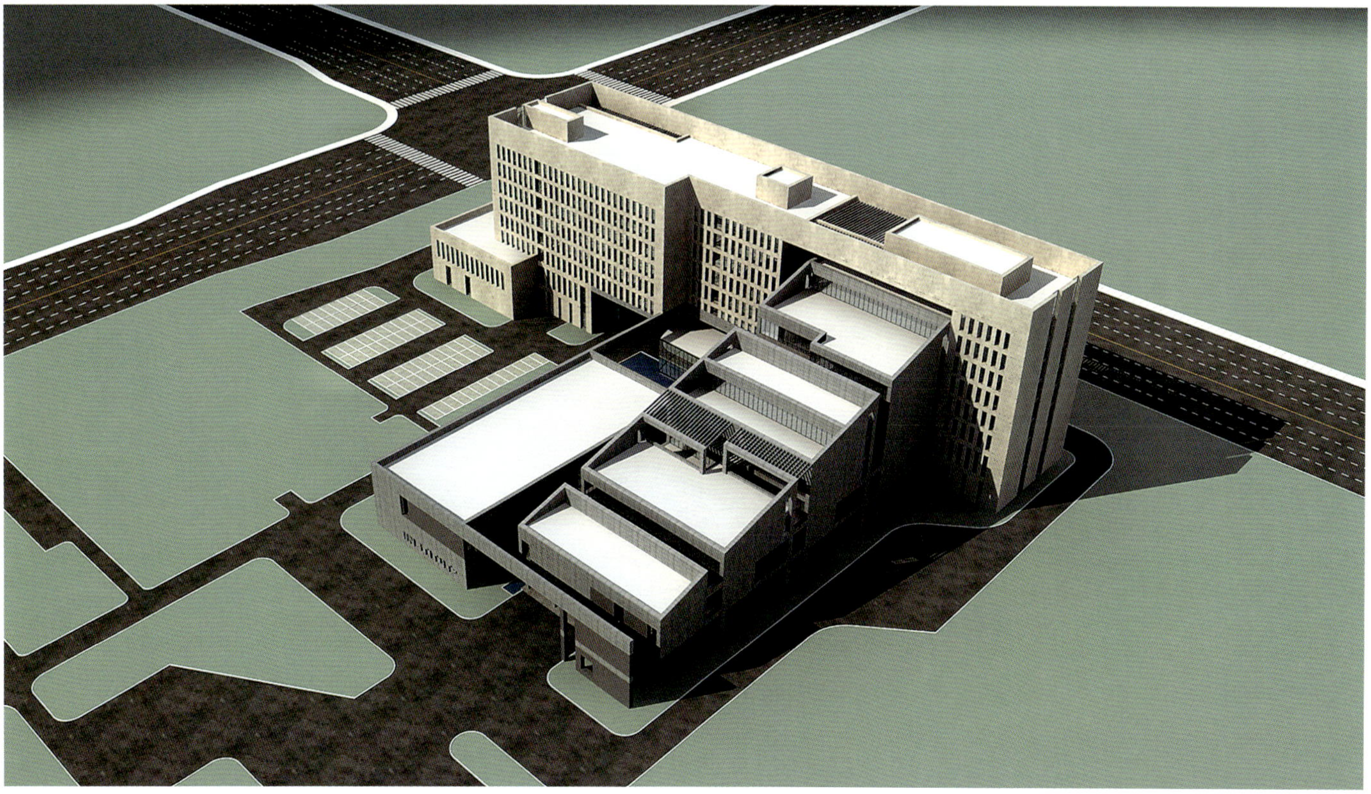

北京科技大学体育馆

建筑设计理念 Philosophy of Architectural Design

体育馆的总体设计理念可以归纳为“纹枰论道”，其中的“道”就是体育馆单体的构思基点，也是我们对柔道、跆拳道中“道”的一种解释。道家的运动观强调事物在其发展演化过程中与外来事物既矛盾又融合的关系。柔道的发展涵盖了中国武术和日本柔术的冲突与融合，而今天的跆拳道体系又是古朝鲜花郎道、中国武术、日本武道结合的产物。在体育馆的设计中我们试图用直观的形体关系把这一概念表达出来。由白色混凝土和黑色花岗岩构成的两种体量似两条运动的纽带穿插交会，融为一体。虽然每一种体量都可自成一系，但合为一体又如环之无端，浑然一体。整个体育馆的造型并没有刻意模仿某种运动器材的形象，旨在突出柔道、跆拳道中“道”的气氛的渲染。为了使建筑和周边环境特别是基地范围内的景观相融合，我们引用了“纹枰论道”的概念——以一种类似于围棋布子的方式安排规划范围内的人造景观，在统一的5m×5m的网格化体系中设置部分浅水面与黑色花岗岩矮台，以使环境与大体量建筑达到一种和谐统一。

主要技术经济指标 Technological Specification

建设地点：	北京
主要用途：	体育馆
总用地面积：	25 930m^2
总建筑面积：	23 910m^2
核心建筑层数：	8 层
核心建筑总高度：	25.2 m
设计时间：	2005年

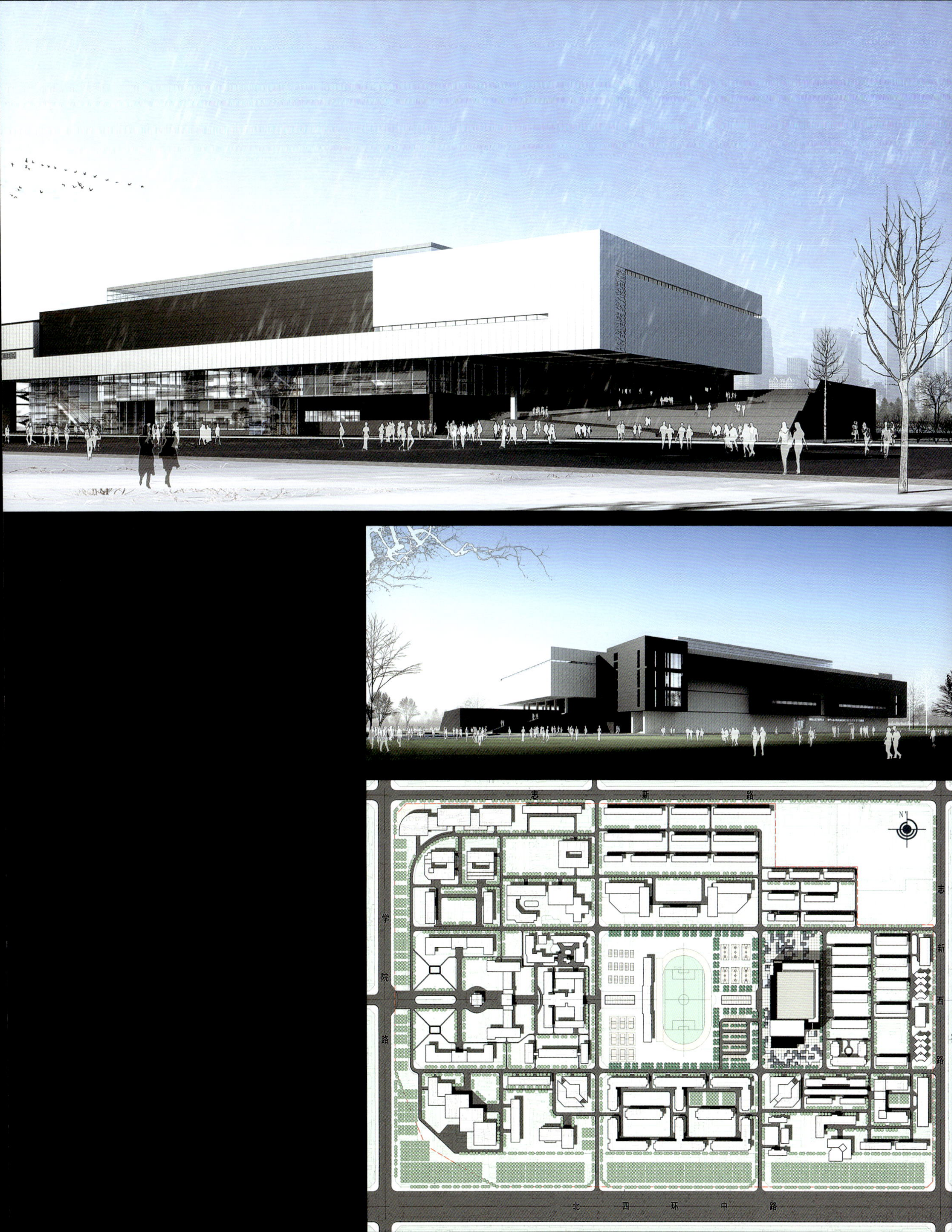
志 新 路
学 院 路
志 新 西 路
北 四 环 中 路
N

张 擎
Zhang Qing

2004年毕业于天津大学建筑学院
2007年毕业于天津大学建筑学院获硕士学位
天津市建筑设计院设计五所 建筑师

天津市滨海新区东疆港金融贸易服务中心

建筑设计理念 Philosophy of Architectural Design

“流舞之水”作为本建筑方案的立意所在，一方面将“渤海之水”流动的形态抽象地引入其中；另一方面“水”象征着“财”，从而与金融服务中心之功能吻合。作为服务于周边区域的，特别是先期启动的金融服务中心，对其综合性的功能要求也就更高。该服务中心在充分满足金融服务的同时，还涵盖写字楼、酒店式公寓、商业（含银行、小型超市、中高端商铺等）、餐饮等功能，是一个综合性很强的建筑组群。建筑地下部分在满足停车和设备用房的同时，还满足建筑必需的地下人防功能。结合周边地块已经确定的建筑形式，在规划设计中充分考虑日后与周边建筑形象的融合性，在满足自身个性的同时，也能恰当地镶入港岛的规划之中。处于区域轴线位置的建筑组群结合中央的迎宾绿化景观公园呈对称布局。百米高的两座塔楼与蜿蜒流动的裙房相得益彰，在稳重的同时也不失轻盈的个性。建筑的呼吸式玻璃幕墙外檐极大地反映了海景建筑的特点，又体现现代高科技建筑的节能等要求，使得整个建筑形象简洁大气，很好地融入建筑环境之中。位于建筑顶层之上的金属百叶又可以最大程度地遮蔽屋顶设备，不影响建筑景观效果。而在室内设计中，通过共享大厅的设计组织商业空间与办公空间，使之成为狭长裙房的交通核心与视觉焦点，极大地改变了单走廊建筑的传统单调的空间模式，体现了建筑内部的高端品质。

主要技术经济指标 Technological Specification

建设地点：	天津市滨海新区东疆港
主要用途：	办公、金融、公寓、商业
总用地面积：	61 098m^2
总建筑面积：	175 600m^2
核心建筑层数：	24 层
核心建筑总高度：	99.5 m
设计时间：	2009年

津南地税局办公楼

建筑设计理念　Philosophy of Architectural Design

建筑分为信息中心和数据中心两部分。考虑到税务单位既作为执法单位又作为服务单位的特质，建筑打破税务大楼过于注重门面气派的传统做法，更加注重对于市民的亲和力，突出其服务功能。建筑在立面造型上采用对称式格局，主体建筑在立面造型上采用对称式格局，整体又不失变化、不显呆板，建筑体量稳重严谨，造型简洁大气，色彩稳重明快，注重细部处理。用不同材质将建筑的完整体量适当加以分割，在颜色和体量关系上突出实体量与玻璃虚体量的对比。由于建筑所处地理位置的高湿度高碱度的环境情况，幕墙表面使用高质密度和良好水导流效果的陶板，以阻止幕墙表面沉积物的形成，进而保持幕墙表面的美观。

主要技术经济指标　Technological Specification

建设地点：　天津市津南区
主要用途：　办公、税收厅
总用地面积：　11 147m^2
总建筑面积：　9 570m^2
核心建筑层数：　8 层
核心建筑总高度：　31.8 m
设计时间：　2007年

天津体育学院综合体育馆

建筑设计理念 **Philosophy of Architectural Design**

建筑以“石中美玉”为设计创意，寓意着天津体育学院在粗犷而富有力量感的外表之下隐含着精益求精的深刻文化艺术内涵。基地所处位置较为局促，设计中尽可能缩小建筑占地面积，东侧保留足够的集散广场，并少填湖面，保留校园富于特色的水景开放空间。座席设计中将4 000座席分为3 000固定座席与1 000临时座席。场馆顶部采光采用自然光导系统，可以最大程度地减少消耗。整个建筑通过透孔金属板与玻璃幕墙的结合指向“石中美玉”的设计主题。

主要技术经济指标 **Technological Specification**

建设地点：天津市河西区体育学院
主要用途：体育
总用地面积：13 200m^2
总建筑面积：10 600m^2
核心建筑层数：3 层
核心建筑总高度：21 m
设计时间：2009年

马鞍山市体育中心

建筑设计理念　Philosophy of Architectural Design

体育中心区规划设计延续马鞍山市“九山环一湖，翠螺出大江”的园林风光。方案设计以“滨河卵石”为设计意向，依托穿梭于基地的慈湖河，“卵石”与“水”共同形成一种流动圆滑又不失力度的规划形态。由滨河公园串联起的体育场、综合体育馆、综合训练馆三个运动设施和会展中心，以日常的市民体育活动为中心。同时沿步道还分散设置向体育空间提供辅助功能的餐饮、店铺、信息中心、展览廊等辅助的“小卵石”，共同营造前所未有的令人兴奋愉悦的综合性体育中心。方案设计充分尊重现有基地环境，利用天然河道营造城市湿地公园，并将建筑设施按照使用性质集约化，将更多的土地留给湿地公园和城市广场，并保证赛时/展时充分的停车空间。将安徽工大、体育中专以及相关室内外训练设施在基地南侧毗邻规划，有利于资源共享，提升效率。同时，体育中心的设计中还通过水循环系统、雨水收集系统以及太阳能等设施达到环保绿色建筑的设计要求。“公园中的体育中心，体育中心里的公园”，马鞍山市体育中心的规划设计充分表明了我们的提案兼顾集艺术性与功能性于一身，可以提高城市品位，使市民生活更加丰富多彩。

主要技术经济指标　Technological Specification

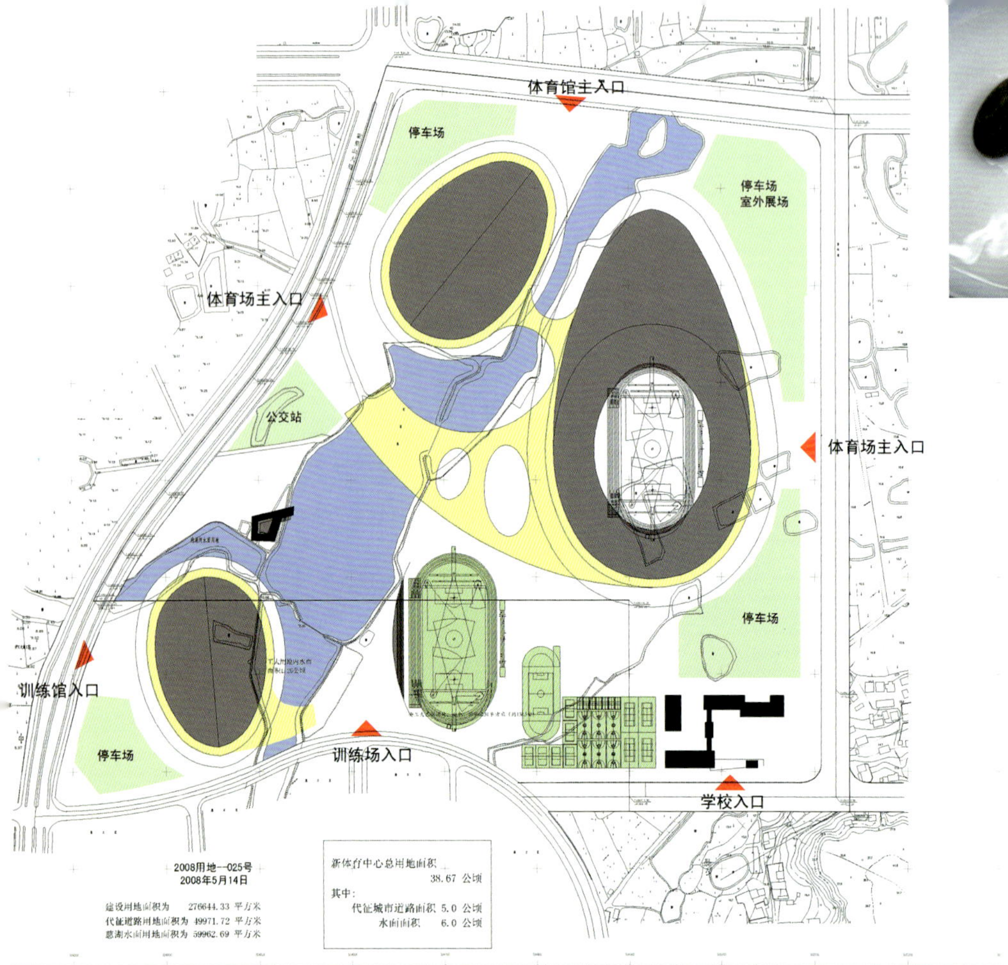

体育馆主入口
停车场
停车场
室外展场
体育场主入口
公交站
体育场主入口
停车场
训练馆入口
停车场
训练场入口
学校入口

2008用地--025号
2008年5月14日

建设用地面积为 276644.33 平方米
代征道路用地面积为 49971.72 平方米
慈湖水面用地面积为 59962.69 平方米

新体育中心总用地面积
38.67 公顷
其中:
代征城市道路面积 5.0 公顷
水面面积 6.0 公顷

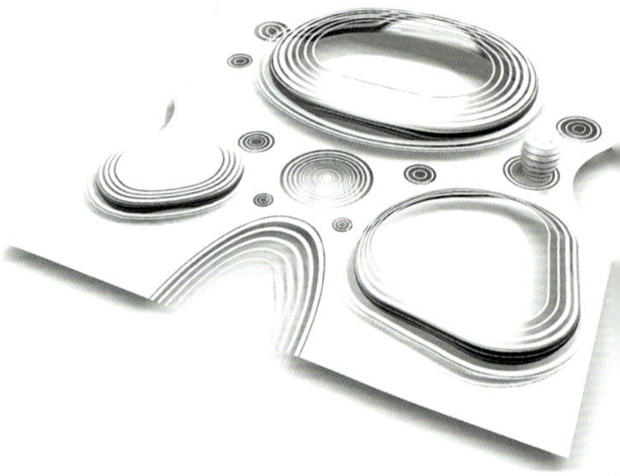

东疆港M地块酒店

建筑设计理念　Philosophy of Architectural Design

整个建筑裙房部分通过大面积退台的布置使在公共区域的使用者可以充分享受海景，高层部分通过弧线的变化，使整体建筑在空间感上保持连续性，同时使更多的客房朝向海面，提高客房档次。而两栋主楼间开阔的间隔，也不会阻碍西侧远处高层建筑的海景视野。

在基地东侧临近海面的一侧主要为酒店的后庭园，为酒店人员提供开阔的休闲活动空间。此外，在规划中，由于一条公路将M地块和东侧的沙滩阻隔，在建筑的三层平台处设置跨越公路的天桥连廊，并在后庭院设置连通地面的交通可能。在外檐设计中，充分体现北方建筑气势磅礴的特点，运用现代建筑的手法将巨大的建筑体量细腻化。不但从远望去给人印象深刻，而且在近处观看也不失细部处理。在材料上，选择砂岩或洞石作为外墙材料，颜色选用和沙滩类似的浅金黄色，使建筑更好地融入海滨的特殊位置。

主要技术经济指标　Technological Specification

建设地点：　天津市滨海新区东疆港

主要用途：　酒店、公寓

总用地面积：　65 512m^2

总建筑面积：　73 500m^2

核心建筑层数：　21 层

核心建筑总高度：　85 m

设计时间：　2007年

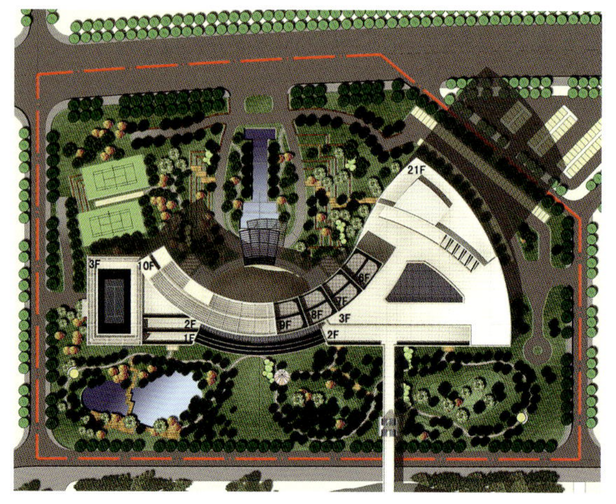

天津滨海欣嘉园（一期）公建

建筑设计理念　Philosophy of Architectural Design

天津滨海欣嘉园10#地为公共设施建设的商业用地，作为百万余平方米大型青年社区的配套公建，其功能涵盖完整，能很好地起到对于整个区域的支撑辐射作用。整个基地由3栋建筑构成，以一条东西向商业内街为核心，串联起基地内的3栋综合体建筑。商业街南侧为商业综合体，包含超市、商铺、餐饮等设施。北侧为服务综合体，包含快捷酒店、蓝白领公寓、社区医疗、社区综合服务等设施。地下部分主要为停车和区域动力中心使用，可容纳1 270辆机动车。交通组织将车流分配至南北两侧，人流则由东西商业街进入，做到人车分流。建筑形象上，充分体现公共建筑简洁有力的特点。商业建筑通过红砂岩的使用，增加本身的商业气氛，提高建筑的聚集效应。服务楼则通过米黄色石材的处理，彰显其本身大气挺拔的特征，并与北侧住宅在色彩上相得益彰。

主要技术经济指标　Technological Specification

建设地点：　天津市滨海新区
主要用途：　商业、综合办公、公寓、快捷酒店
总用地面积：　63 828m²
总建筑面积：　177 100m²
核心建筑层数：　地上20层，地下2层
核心建筑总高度：　80 m
设计时间：　2009年

王忠毅
Wang Zhongyi

2007年毕业于天津大学建筑学院建筑学专业
2009年毕业于天津大学建筑学院建筑设计及其理论硕士
天津市建筑设计院设计五所 建筑师

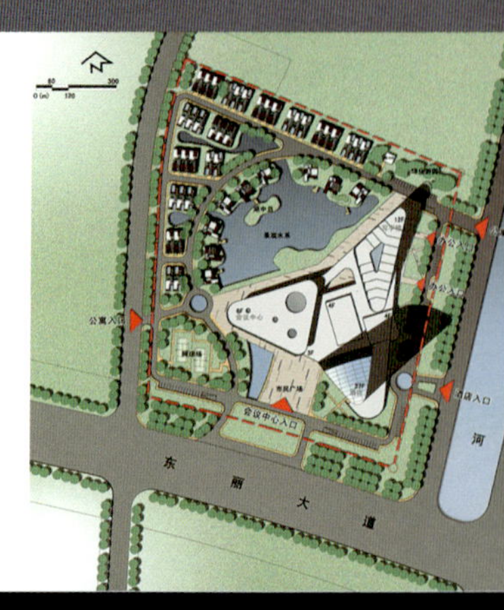

天津市东丽湖温泉会议中心

建筑设计理念 Philosophy of Architectural Design

理念1：标志性与独特性——水之涟漪

作为东丽湖景观区先期投资建设的大型公共设施，以如同水花、涟漪的群体建筑的形象特征，表现出新时代新东丽的昂扬气质。建筑表现出水的有机与生动，与平静的湖面形成纵横方向的对话。

理念2：生态性

地处自然风景优美的东丽湖景观区，生态环境资源是不可多得的优势资源。建筑力争从整体布置到细节都做到与周边环境的融合与共生。

理念3：有机性

建筑群打破死板严格的建筑界面划分，创造出流动有机的内部空间格局与城市界面，广场空间与观景屋面的有机联系，取得了建筑与基地的空间贯通，丰富了城市的公共空间形态。

主要技术经济指标 Technological Specification

建设地点： 天津市东丽湖风景区核心位置

主要用途： 集五星级酒店、国际会议中心、办公写字楼和别墅式公寓于一体的综合体。

总用地面积： 85 300 m²

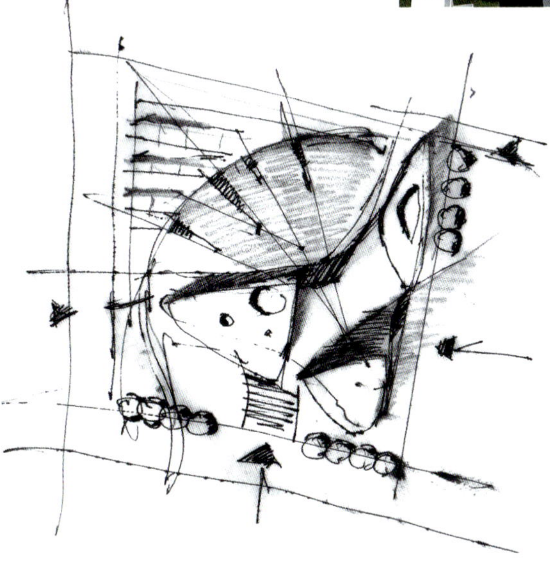

LOUIS VUITTON

中国农业银行客户服务中心

建筑设计理念 Philosophy of Architectural Design

理念一：创造出独特的、具有标志性的建筑形象——如意

作为中国农行银行全国性客户服务中心，方案灵感来自于中国文化所特有的如意，整体造型如“如意”般的农行客服中心，紧紧围绕着“如意和谐、吉祥美好”的主题，一方面寓意着对祖国美好未来的吉祥祝福，另一方面表达对中国农业银行高速发展的美好祝愿。

在取意其美好象征的同时，塑造出类似于如意行云流水般富有动感的造型，表现出新时代、新农行所特有的高贵及高昂气质。

理念二：生态性

建筑基地毗邻运河与城市绿化带，具有优美的景观资源，建筑做到与景观资源最大化的融合与共生，形成与运河与绿化带最大的对位关系，取得面向河景与绿化带开阔的视觉效果。

理念三：有机性

建筑群体的有机与统一，打破了死板的界面划分，创造出灵动有机的内部空间，设计中通过两个巨大的同心圆弧的造型，以其简洁、单纯、强烈，富有力度的建筑形态为农业银行代言。建筑形态气势弘大，使人过目难忘。建筑的轮廓似一双张开的臂膀，热情地接待全国的客户，寓意着农行热情为客户服务，“伴您成长”的企业精神。场地规划以建筑为中心，用开阔的广场和大面积的绿化将建筑包围起来，城市道路和建筑之间形成开阔的“城市客厅”，既丰富了城市空间，又使建筑与城市产生了和谐的对话。

主要技术经济指标 Technological Specification

建设地点：	天津滨海高新技术产业开发区华苑产业区国家软件及服务外包产业基地核心区
主要用途：	集办公、住宿、培训、餐饮于一体的综合体
总用地面积：	42 462m^2
总建筑面积：	120 000m^2
核心建筑层数：	12层
核心建筑总高度：	62.20m
设计时间：	2010年

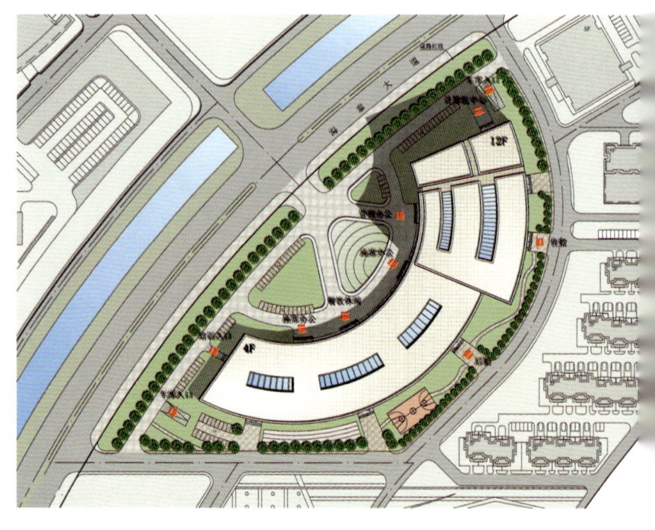

天津中心渔港联检服务中心及配套公寓

建筑设计理念 **Philosophy of Architectural Design**

天津中心渔港服务中心主要功能为海关、海事、检验检疫、渔港公司等部门的一站式联合办公场所，是具有会议中心、职工餐厅等辅助功能的综合性建筑。

设计中，方案从城市设计的角度出发进行考虑，平面布置方面，将高层部分布置在远离路口的位置，避免了对城市干道的压迫。立面造型上追求平和与大气的形象，以求打造具有独特标志性的建筑形象，立面处理手法上采用强烈的虚实对比以打造大气磅礴的建筑形象。建筑的文化性在于，通过文化元素的植入，使建筑有独特的、具有古今文化交融的气质。在建筑立面语言上，我们对中国古典的开窗形式进行提炼，并用现代语言进行表达，建筑富有强烈的现代感，而又不失中国文化精神。

主要技术经济指标 **Technological Specification**

建设地点：　天津滨海新区北翼汉沽中心渔港陆域范围内
主要用途：　为海关、海事、检验检疫、渔港公司等部门的一站式联合办公场所
总用地面积：　42 500m^2
总建筑面积：　35 140m^2
核心建筑层数：　地上9层，地下1层
核心建筑总高度：　42.6m
设计时间：　2009年

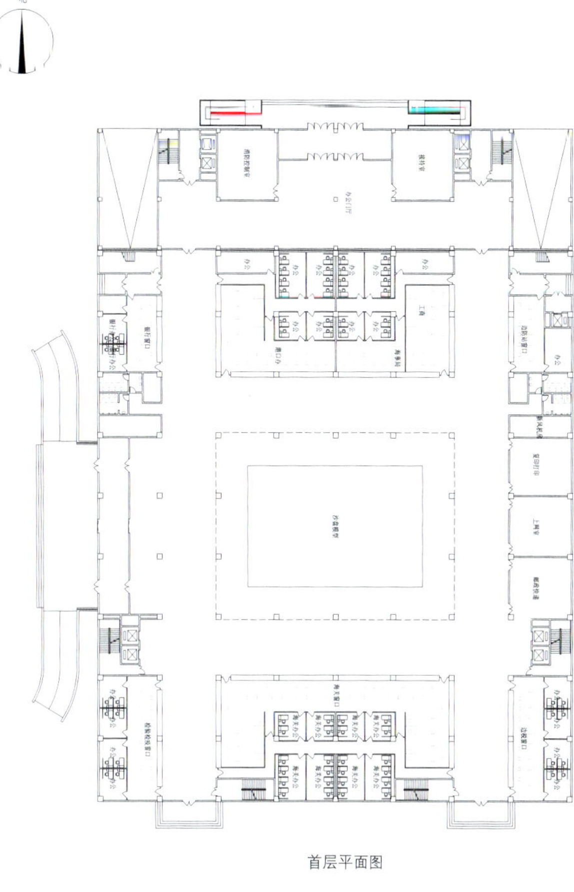

首层平面图

张智晴
Zhang Zhiqing

2007年毕业于河北工业大学建艺学院建筑学专业
天津市建筑设计院设计五所 建筑师

天津市东疆港某办公楼

建筑设计理念 Philosophy of Architectural Design

建筑通过底部裙房的空间围合，营造出内院、广场等空间，丰富了建筑的图底关系，为办公商业等活动提供了适宜的环境。建筑充分地考虑到沿海面的空间环境关系。力图使最多的主要用房拥有良好的面海朝向。建筑语汇简洁富有韵律。

主要技术经济指标 Technological Specification

建设地点：天津东疆港岛
主要用途：办公、会议、餐饮、商业
总用地面积：60 150m²
总建筑面积：172 300m²
核心建筑层数：地下1层，地上19层
核心建筑总高度：90m
设计时间：2008年

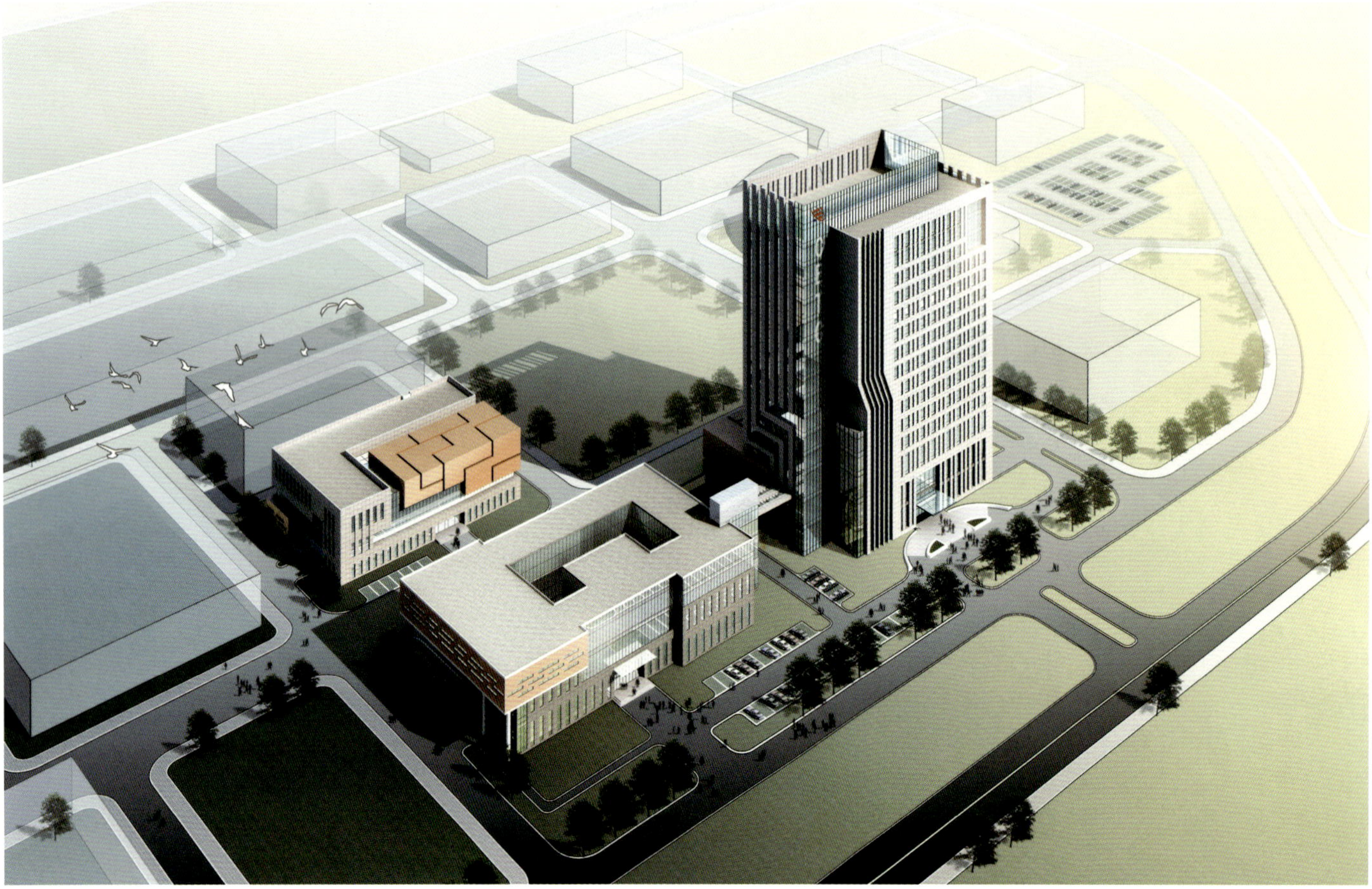

天津市18所科研管理楼设计方案

建筑设计理念　Philosophy of Architectural Design

科研管理楼的建筑形式重在表现18所的企业形象，设计本着稳重、大气、现代的原则，着力打造园区新地标。

建筑整体构思来源于“电路图”的形式，设计中把它简化、抽象成建筑元素，运用到建筑设计中。高80m的建筑主体由两个相互交错的体量构成，主立面上布置规则的开窗，满足办公建筑的采光需求。在两个体块错开部位设计为玻璃幕墙，幕墙之上以抽象的“电流”分割，“电流”从下至上，更加凸显建筑主体的挺拔之势，同时寓意着18所蒸蒸日上、辉光日新的发展前景。

主要技术经济指标　Technological Specification

建设地点：　天津西青区海泰产业园区18所院内
主要用途：　科研、办公、会议、展示、接待
总用地面积：　9 000m²
总建筑面积：　23 000m²
核心建筑层数：　地下1层，地上15层
核心建筑总高度：　76.8m
设计时间：　2008年

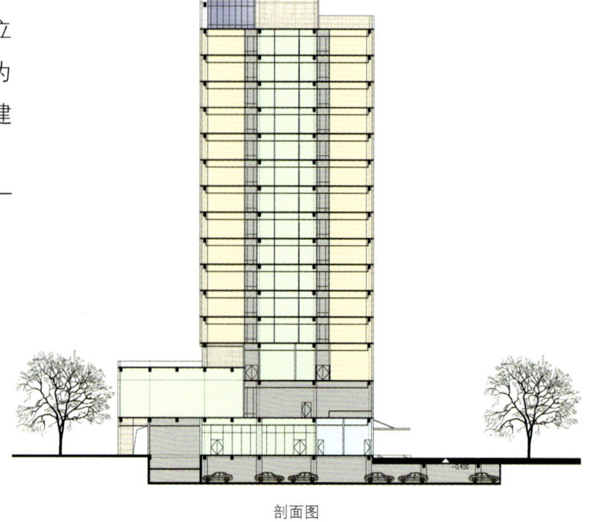

剖面图

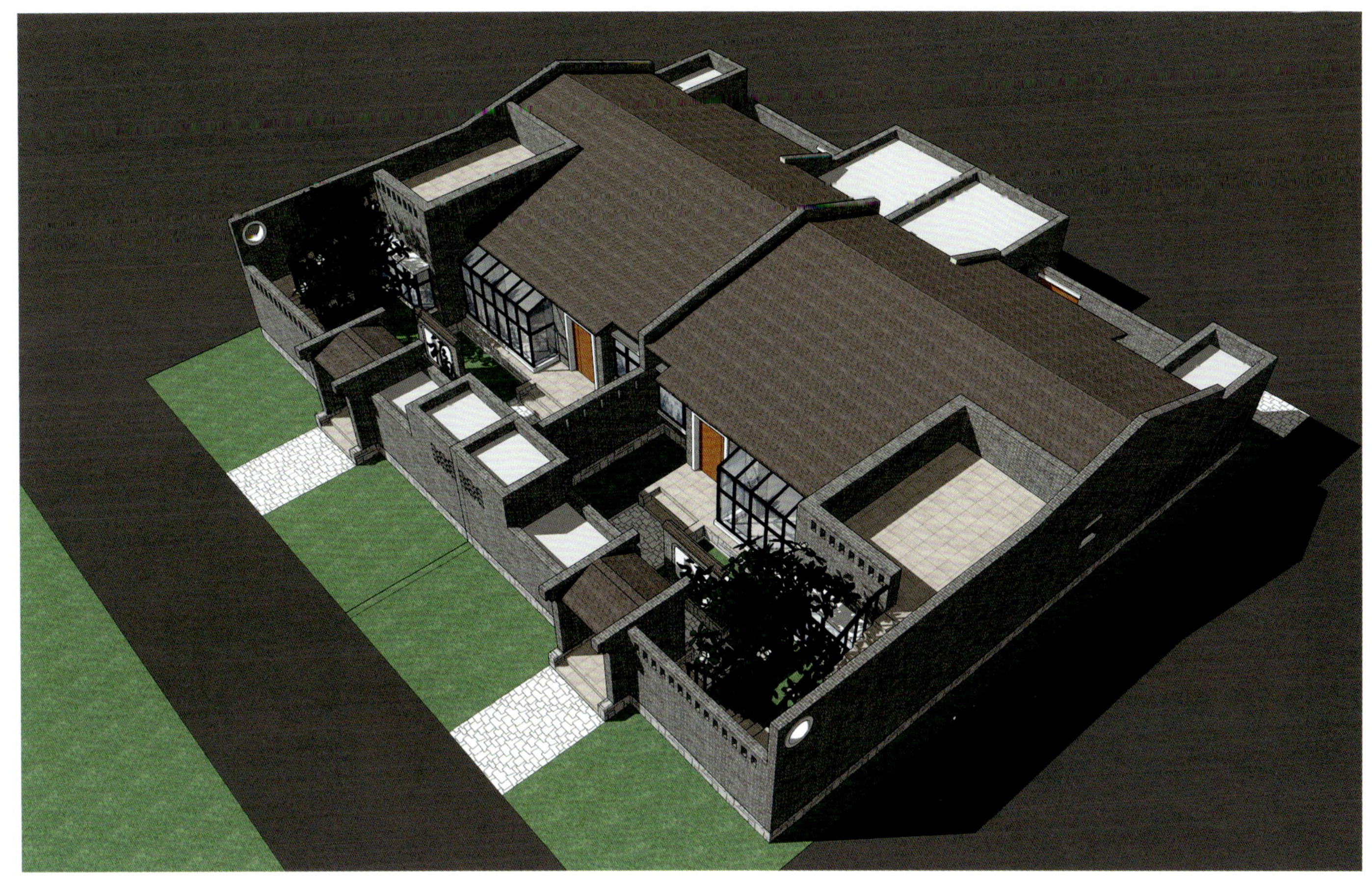

农村自建房

建筑设计理念 Philosophy of Architectural Design

一.设计原则:①经济实用；②节能节地；③采光通风良好；④符合乡村生活习惯

二.建筑单体与功能布局：1.建筑单体。①以联排式建筑组成街坊，建筑采用大进深、小面宽以节约用地。②单体建筑以前后院组织室内与室外活动，前院以家庭生活为主，后院以生产劳动为主。③主要房间均面向南侧，并以凸窗和阳光室增加阳光照射面积。④辅助房间面向北侧，以抵御冬季寒风，有利于节约能源。⑤老人房间临近卫生间，并设有自带的储物间，使用方便。2.节约性。①推广使用太阳能，屋面可铺设大面积太阳能面板，并可使用太阳能热水器。②两户并联，卫生间与牲畜间地下沟渠连通，共同使用沼气设备，优化农村排污方式。③近期采用自供式暖器，远期采用集中供暖。④院内种植落叶乔木，以调节庭院内的小气候。3.尊重农村生活习惯。①采用院落式的布局，庭院兼有养殖、种植、晾晒等作用。②屋顶设置晒台，方便上下，便于农民晾晒农作物。③室外设置旱厕，方便使用。④建筑形式上提取农村生活符号，如照壁、对联、福字等。

主要技术经济指标 Technological Specification

建设地点： 天津某农村宅基地
主要用途： 住宅
总用地面积： 233.34m^2
总建筑面积： 143.43m^2
核心建筑层数： 地上1层
核心建筑总高度： 4.8m
设计时间： 2007年

某行政文化中心

建筑设计理念　Philosophy of Architectural Design

方案从整体出发，强调轴线关系与空间序列，景观环境与建筑组群相互协调，互为呼应。商务中心地块中，商务主楼居中，中轴线两侧分列会议中心、服务中心、接待中心与培训中心，展示中心位于主轴线南端，与商务主楼遥相呼应。商务辅楼位于地块东部，与之有分有合。文化中心地块中，大剧院居中，青少年活动中心、现代工业博物馆、航空航天博物馆分列两侧，中间以水系贯通。中央大道两侧形成连续、稳重的城市形象。

主要技术经济指标　Technological Specification

建设地点：　天津市滨海新区中心商务区
主要用途：　办公、会议、餐饮、展示
总用地面积：　495 000m^2
总建筑面积：　413 000m^2
核心建筑层数：　地下1层，地上9层
核心建筑总高度：　50m
设计时间：　2009年

张　馥
Zhang Fu

1986年毕业于同济大学建筑系
2007年赴德国汉诺威大学建筑学院研修
天津市建筑设计院 副总建筑师
设计六所 执行总建筑师
国家一级注册建筑师
正高级建筑师

中小企业园

建筑设计理念　Philosophy of Architectural Design

厂房内的办公服务核置于厂房的尽端，功能包括办公、卫生间、楼梯间等车间附属用房，与车间联系方便，又避免了互相干扰，便于根据不同客户的不同的要求，将车间划分为东、西，或通过层数划分为上、下几部分使用单位，具有很强的灵活性和适用性，体现了平面功能设计具可持续性发展的设计理念。

厂房整体立面设计淡泊写意，重点部位重点处理。车间服务核面对园区中心绿地及入口，加以精心设计，片墙构成的框体形成了空间上的相互穿插。入口大厅处玻璃幕墙与突出的几何体形成虚实、质感、色彩上的强烈对比，给人以强烈的视觉震撼力，立面色彩白、灰、红相互穿插互为点缀，具有很强的视觉感染力。

主要技术经济指标　Technological Specification

建设地点：　天津经济开发区黄海路与海星街交会处
主要用途：　厂房及办公楼
总用地面积：　37 070m²
总建筑面积：　40 438m²
核心建筑层数：　2~4层
核心建筑总高度：　13.50m
设计时间：　2006年

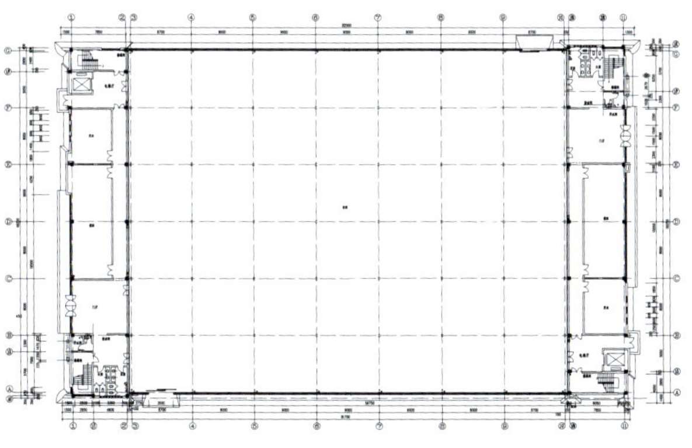

厂房四首层平面图

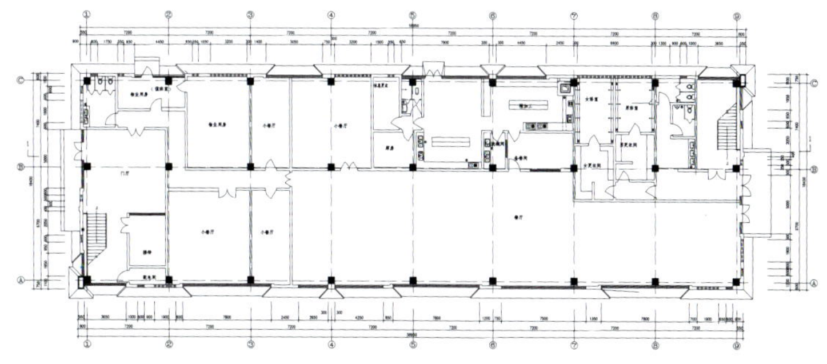

办公楼首层平面图

孙晓强
Sun Xiaoqiang

1995年7月毕业于天津城市建设学院建筑系
2006年赴美国纽海文大学研修
天津市建筑设计院设计七所 副所长
主任建筑师
国家一级注册建筑师
高级建筑师

天津城铁广场

建筑设计理念 Philosophy of Architectural Design

天津市城铁广场项目位于寸土寸金的市中心地段——南京路与鞍山道交口处。项目毗邻天津市繁华商业中心，项目的实施不但使城市商业街得以扩展、延伸，缓解城市商业区巨大的交通、停车压力，而且进一步激发基地的活力。在提升基地商业价值的同时，塑造标志性景观，创造轻松的休闲、购物环境。

项目由4层商业建筑和两栋27层高层公寓组成，地下2层，商业内部设有多处大小不一、形态各异的共享空间，力求创造一个现代化、舒适的购物环境。公寓部分采用混凝土剪力墙结构，每层各有11套不同面积的户型，每栋各4部电梯将人流分别送到各个层面。建筑面向海河，每2~4层设有小室内共享庭园，布置绿化、座椅，使住在高层建筑里的人们能够尽可能地接近自然。

建筑立面在商业主入口处局部做标志性建筑处理，利用实墙与透明玻璃强烈虚实对比，以加强建筑力度，突出商业建筑特点。高层主体设计采用弧线与直线穿插、咬合的方法，在建筑造型上突出了建筑物的个性，弧线成45° 角面向城市道路交口处，与城市道路形成良好的空间关系，并舒缓了高层建筑对城市人群产生的压抑感。

主要技术经济指标 Technological Specification

建设地点： 和平区南京路鞍山道交口
主要用途： 商业、公寓、停车楼
总用地面积： 17 983m^2
总建筑面积： 104 000m^2
核心建筑层数： 地上31层，地下2层
核心建筑总高度： 99.30 m

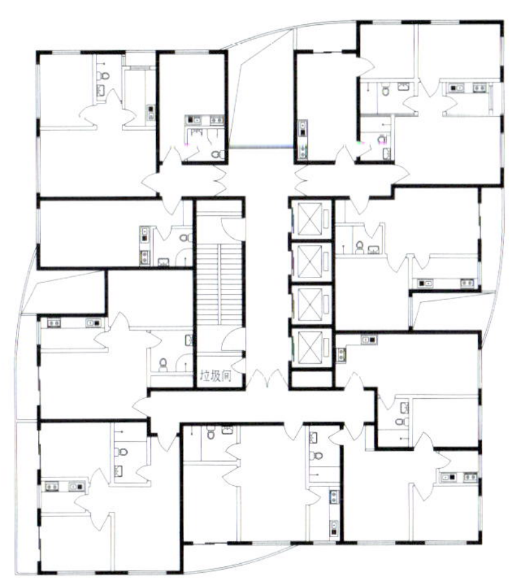

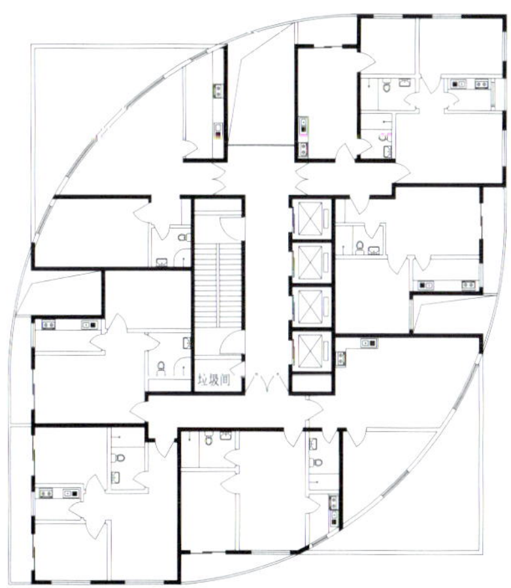

塔楼平面图

户型指标统计

户型	编号	建筑面积	户型	编号	建筑面积
一室户（无厅）	02	$30.54m^2$	一室一厅户	08	$55.22m^2$
	07	$30.27m^2$		09	$48.75m^2$
	11	[illegible]		10	[illegible]
一室一厅户	01	$48.96m^2$	二室户	04	$68.54m^2$
	03	$57.62m^2$		06	$53.9m^2$
	05	$62.96m^2$			

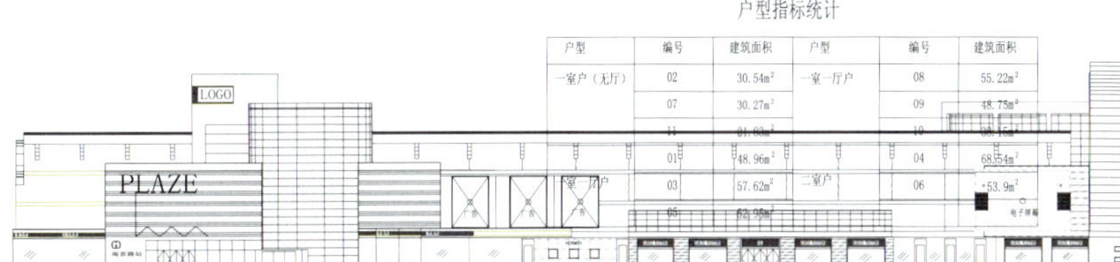

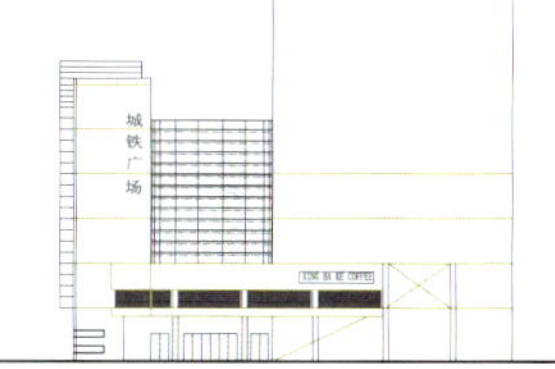

商场立面图

高　原
Gao Yuan

1996年毕业于天津大学建筑学院建筑学专业
2006年赴美国纽海文大学研修
天津市建筑设计院 副总建筑师
设计八所 所长、总建筑师

唐山市第一中学新校教学区

建筑设计理念　Philosophy of Architectural Design

功能分区：良好的功能分区是校园高效运行的基础，本校园规划按照校方要求将教学区、宿舍区、体育活动区合理划分。整个校园按交通系统划分为东、南、西、北、中5个区，其中南区和中区为教学区，西区和北区为体育活动区，东区为宿舍区。

南区教学区由图书馆和行政楼组成，位于新校区中轴线起始端，是校园核心建筑，整体呈对称布局，设计语言简练有力，严谨而富于变化，力图展现其庄重素雅以及由内而外散发出来的人文气息，以“门”的意向为师生提供开放的学习和交流的理想场所。

中区教学区东侧教学楼与西侧科学楼共同构筑起校园的文化广场空间。教学楼以组团结构营造相对围合的院落空间，同时膨胀交通节点，为师生创造积极的交流场所。科学楼为半围合形体，向主轴线景观空间开敞，以引导人流使小环境与中轴景观一体创造层次丰富的校园空间效果。两组建筑风格简约而不失变化，虚实相映，对比强烈。

体育馆和报告厅分别坐落于校园主轴尽端的东西两侧，共同构成校园主轴线北端终点的底景建筑群体。体育馆形体挺拔刚劲，充满张力，在动与静、刚与柔的对比中达成完美统一，以期展现竞技体育中所追求的力与美统一的至高境界。报告厅通过相似的设计语言与体育馆相呼应，通过戏剧性的形体穿插创造出丰富的虚实相应的空间效果。

宿舍区位于环境静谧，采光通风俱佳的东区，形体关系简洁中求变化，色彩、材质与整体校园风格达成统一。

主要技术经济指标　Technological Specification

建设地点：　河北省唐山市
主要用途：　教学、办公、图书馆、体育馆、宿舍、食堂
总用地面积：　166 080m^2
总建筑面积：　78 260m^2
核心建筑层数：　6 层
核心建筑总高度：　24 m
设计时间：　2007年

KEXUELOU SCIENCE BUILDING
KEXUELOU SCIENCE BUILDING

天津移动空港物流加工区新建局房项目

建筑设计理念 Philosophy of Architectural Design

天津移动空港物流加工区新建局房项目是由中国移动通信集团天津有限公司开发建设，定位为高级科研及办公场所，设计上力求突出适应周边环境所应具备的舒展大方、细部精美的特点，创造出建筑艺术与现代科技完美融合的建筑作品，结合“生态”、“绿色”、“环保”的概念，突出“以人为本”的智能化建筑。场地总体布局约为4栋主体建筑围合中央绿地形式的内敛稳重的内院式布局，建筑形象的设计以稳重、大气为出发点，使用大面积的石材以及厚重的石墙面作为主要的建筑语言，并在底部架空以形成在立面高度上的虚实变化，注重建筑整体形象的古朴典雅。在建筑形象上突出移动公司文化的历史厚重和可信赖感。

主要技术经济指标 Technological Specification

建设地点： 天津空港物流加工区内中心大道以西，南侧及东侧紧邻城市次干道，北侧临城市建设用地

主要用途： 该项目为天津移动总部基地（含中国移动集团部分业务），是集综合办公、通信指挥调度、机房、后勤服务等功能于一体的现代化办公新区

总用地面积： 33 739.71m^2

总建筑面积： 78 081.2m^2

核心建筑层数： 地上3~8层，地下1层

核心建筑总高度： 41.2m

设计时间： 2008年

中心大道
水池
形象入口
7F
办公楼入口
停车场
水池
水池
5F
5F
规划道路

张沛南
Zhang Peinan

1990年毕业于天津大学建筑学专业
2007年赴德国汉诺威大学建筑学院研修
天津市建筑设计院设计八所 执行总建筑师

中兴天津产业基地住宅工程

建筑设计理念 Philosophy of Architectural Design

《道德经》："域中有四大，而人居其一焉，人法地，地法天，天法道，道法自然。"可见自然为万物之根本，建立良性循环的生态平衡系统是人居环境回归自然的最终途径。在有限的资源条件下满足生态小区内自然与人共生，人类回归自然，亲近自然，自然融于小区，小区融于自然。营造出满足人类自身发展需求的环境，使城市小区更富有人情味，充满浓厚的文化气息，是此次设计的重点。小区设有两个主要出入口，小区外围设计机动车道。小区内部设东西和南北两条人行主干路和三个不同的经典景观区。三个景观区分别以绿色、休闲和健康为主题。由贯穿小区的水系和人行步道组成东西向的"水韵风情街"，南北向的"自然景观路"连接了三个风格各异的景观区。两条线路交叉处形成地块核心水景。围绕核心水景区的弧形支路与EOD生态办公区弧形道路遥相呼应。以体现生态设计为出发点，将小区内住宅设计成点式住宅为主的南北向9层、11层和14层住宅，有效地解决了小区内部单体建筑的自然通风和采光问题。保证小区住宅内部有充足的阳光，清新的空气。难得的是在设计了大部分点式住宅的情况下，方案中依然能合理地规划出54%的绿地面积，配合小区内部可循环利用的生态水系统，不仅使人居环境更能融入自然，并且在最大程度上缓解小区外部噪声冲击，对小区内部的小气候调节起到至关重要的作用。小区整体规划特别强调了均好性和互补性设计。小区内不存在单体建筑对日照、通风、绿化等居住条件的偏差，保证所有家庭均等地享受小区提供的规划环境和生活服务。三个不同的景观主题互补了居住者各种生活需求和心理健康需求。均好性和互补性的规划设计，体现了平衡互动的自然规律，创造出温馨、朴素和亲切的人居环境。定位为后现代自然主义风格，简明的立面点线面的分割使得建筑纯净而舒展，外墙面淡色系的色调基础弱化了建筑在小区中的钢硬质感，达到建筑线条在环境视觉中被弱化的效果，使得居住者在心理上更自然地融入小区的生态景观环境之中。住宅设计了5种户型平面，70%为90m^{2}的经济小户型。为住户提供了多种户型选择，满足不同人群的居住需求。

主要技术经济指标 Technological Specification

建设地点：	位于空港加工区，项目南侧相邻地块是中兴北方基地研发中心EOD生态办公区用地
主要用途：	住宅及地下停车
总用地面积：	149 565.60m^2
总建筑面积：	296 145.2m^2
核心建筑层数：	13层
核心建筑总高度：	42m
设计时间：	2008年

A型 一梯两户十一层沿街错落布置紧凑全明小户型住宅

奇数层：

A' 1 户型套型建筑面积：89.7平方米

A' 2 户型套型建筑面积：89.7平方米

B型 一梯二户九层中心景观区观景大宅

偶数层：

B1户型套型建筑面积：187平方米

B2户型套型建筑面积：185平方米

B型 一梯二户九层中心景观区观景大宅

偶数层：

B' 1户型套型建筑面积：187平方米

B' 2户型套型建筑面积：185平方米

E型 一梯五户十四层沿街景观小户型住宅

奇数层：

E1户型套型建筑面积：86.7平方米

E2户型套型建筑面积：89.8平方米

E3户型套型建筑面积：89.8平方米

E4户型套型建筑面积：89平方米

E4户型套型建筑面积：69平方米

焦晓青
Jiao Xiaoqing

1999年毕业于天津大学 建筑学专业
2006年毕业于天津师范大学 环境艺术设计专业
天津市建筑设计院设计八所 副主任建筑师

精武镇大南河村村民住宅小区规划及单体建筑设计

建筑设计理念 Philosophy of Architectural Design

该项目为“社会主义新农村建设”项目之一。旨在为村民营造一个和谐共生的以人为本的居住小区。设计中注重现代生活要素与当地人文传统的有机结合。规划片内均匀布置点式高层住宅，共划分为六个组团，通过高度错落，空间开合，丰富规划空间形态。开放的空间增强了社区村民的交流与沟通，为居民的不同家庭需求提供了多样性的选择。小区整体造型力求表现现代的住宅建筑风格，细部设计简洁、典雅，以现代设计手段诠释了新农村建设的勃勃生机。

主要技术经济指标 Technological Specification

建设地点：精武镇大南河村
主要用途：村民住宅
总用地面积：226 400m^2
总建筑面积：244 737m^2
核心建筑层数：15、17、18层

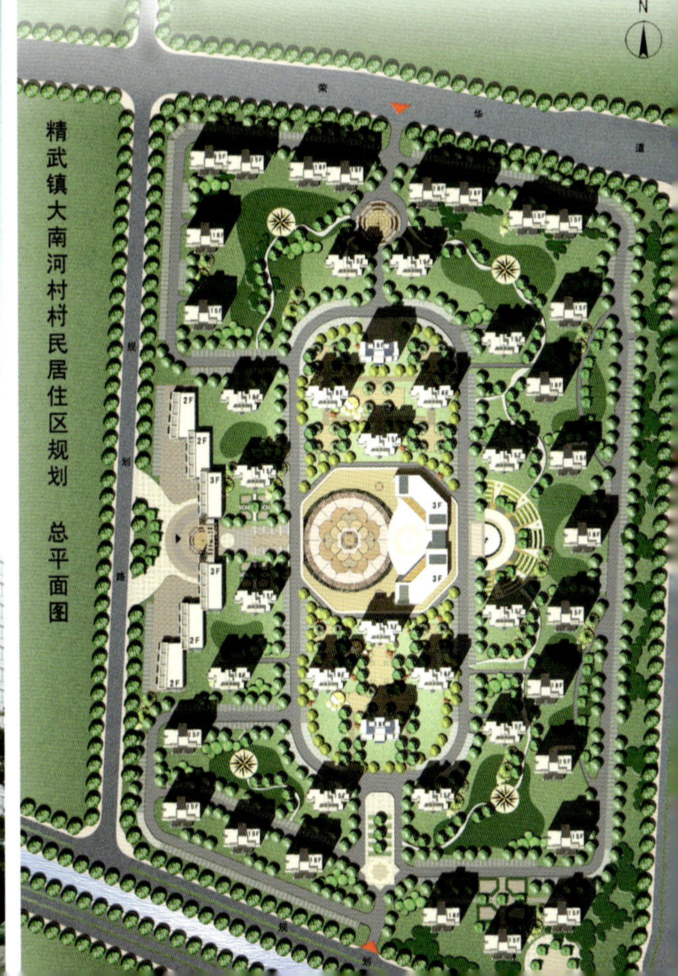
N
精武镇大南河村村民居住区规划 总平面图

卓　强

Zhuo Qiang

1991年毕业于天津大学建筑系

2004年获天津大学建筑学院硕士学位

天津市建筑设计院 副总建筑师

设计九所 所长

国家一级注册建筑师

正高级建筑师

2002年至2003年赴法国参加“100名中国建筑师在法国”项目

2008年获第七届中国建筑学会青年建筑师奖

蓟县地质博物馆

建筑设计理念　Philosophy of Architectural Design

天津蓟县地质博物馆选址于府君山南麓的一块天然台地，建筑组织上打破“层”的概念，通过多变的高差设计形成丰富的空间变化，使博物馆内部各个小空间错落起伏，既将建筑与地形巧妙融合，也使游客体会到山地建筑的“依山而建，馆在山中”的特色。

设计独特的入口空间凸显了博物馆“地质特色”主题，两组外立面设计成中上元古界地质构造断层的引导墙和一个设计成地质探孔的下沉广场引导游客进入博物馆，感觉经历了漫长的地质年代演变。

主要技术经济指标　Technological Specification

建设地点：　天津蓟县府君山

主要用途：　博物馆

总用地面积：　9 970m²

总建筑面积：　5 000m²

核心建筑层数：　2层

核心建筑总高度：　13.2 m

设计时间：　2007年

总平面图 1:1000

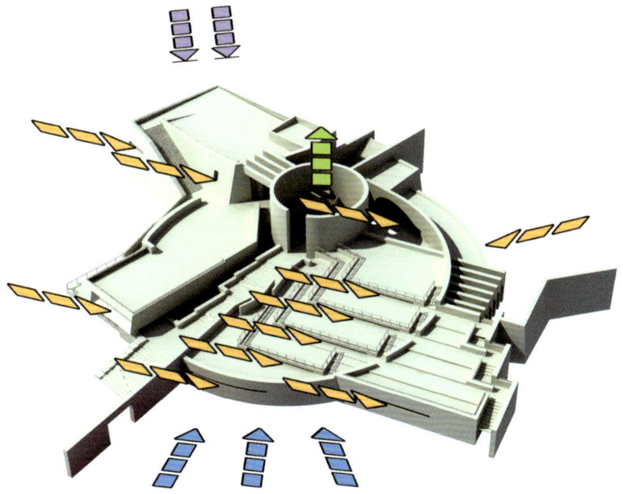

光线可进入的开口部位

迎接夏季常年风向

被山体阻挡的冬季常年风向

筒状构筑的气流拔出方向

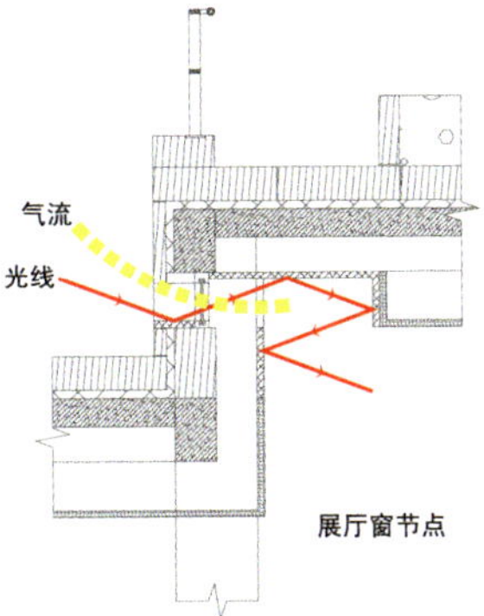

气流

光线

展厅窗节点

通风日照分析

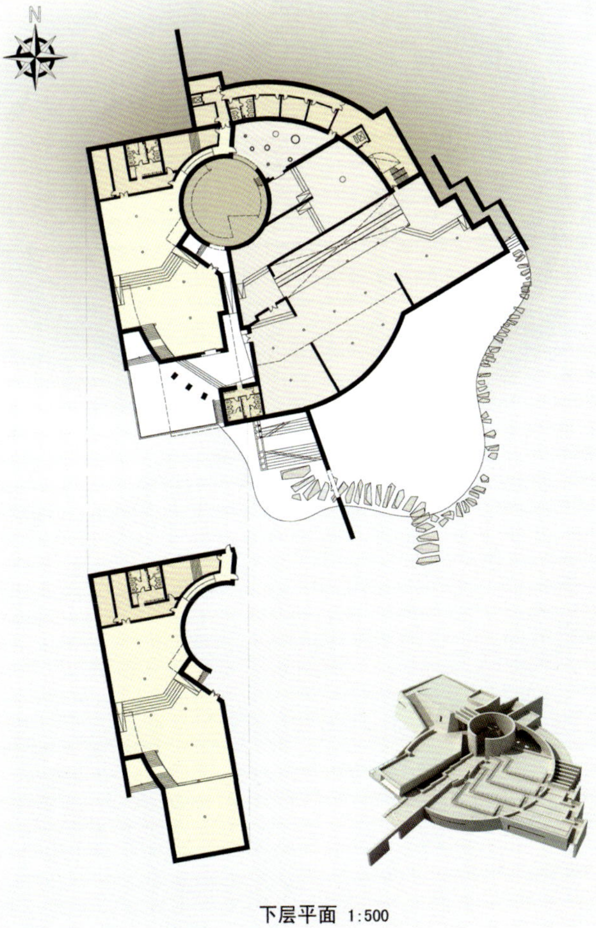

N

下层平面 1:500

冯 斌
Feng Bin

1991年毕业于哈尔滨建筑工程学院建筑系
2003年赴美国纽海文大学研修
天津市建筑设计院九所 总建筑师、副所长
国家一级注册建筑师
高级建筑师

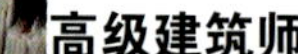

南开大学图书馆

建筑设计理念 Philosophy of Architectural Design

本项目为南开大学新建图书馆工程，设计藏书规模为450万册，现有图书馆使用面积严重不足，规模与学校的建设和发展不相适应，建设一个新图书馆势在必行。图书馆规划建设用地位于南开大学校园西部，教学区与生活区之间。设计理念：（1）精神核心，有容乃大；（2）功能多元，空间多样；（3）人文主义，便捷高效；（4）绿色设计，环保节能。

主要技术经济指标 Technological Specification

建设地点： 南开大学院内
主要用途： 图书馆、自习教室
总用地面积： 14 500m²
总建筑面积： 60 320m²
核心建筑层数： 8层
核心建筑总高度： 43.5m
设计时间： 2008年

渤海银行总部

建筑设计理念 Philosophy of Architectural Design

总部位于天津市河东区南站CBD区域内，基地东侧毗邻六纬路，西侧毗邻四纬路与海河相望，南侧毗邻六经路与建设中的嘉里中心相望，北侧毗邻海关大厦。本项目为第一家总部位于天津的全国性商业银行——渤海银行总部，地上总建筑面积113 000m^2，地下总建筑面积45 000m^2。功能配置包含超高层写字楼和商业空间，整体定位为高档办公和商业城市综合体。本项目力求通过简洁、大气、新颖的设计手法对建筑进行整体塑造，使之与全国性商业银行总部的建筑气质和功能定位相吻合，并与南站CBD及海河沿岸整体建筑氛围相和谐。建筑总平面布置和造型设计采用"渤海之贝"的设计理念，与渤海银行"勃勃生机、海纳百川"的经营理念相契合。总平面布局采用扇形布置手法，超高层写字楼沿地块东部和北部展开，朝向海河获得较佳的景观视线。建筑造型和外檐追求时尚的流动感，材质以玻璃和金属等现代材质为主，色调以浅色调为主。

主要技术经济指标 Technological Specification

建设地点：	河东区南站CBD区域内
主要用途：	办公、会议、营业部、商业等
总用地面积：	19 800m^2
总建筑面积：	113 000m^2
核心建筑层数：	45层
核心建筑总高度：	45.45m
设计年份：	2009年

苏　见

Su Jian

毕业于苏州城建学院建筑系

天津市建筑设计院设计九所 主任建筑师

国家一级注册建筑师

天津金融城津湾广场二期H座

建筑设计理念　Philosophy of Architectural Design

H座作为津湾广场建筑群体的制高点，在色彩和质感上与周边建筑协调，建筑采用玻璃幕墙与石材幕墙相结合的表现形式，建筑立面强调竖向线条。立面效果收分有秩，层次丰富，为使用者创造现代建筑形象。

建筑功能包括商业、餐饮、会议、甲级办公、酒店式公寓，建筑结合结构选型，确定合理的平面模数为4m，兼顾停车、办公室内布局和酒店式公寓的合理开间，使建筑布局和设备分布统一于模数体系下。

内筒布局，提高超高层建筑平面使用系数（78%）。

通过优化电梯设计，合理分区，公寓层设置空中大堂，进行空中转换，提高竖向交通效率。

主要技术经济指标　Technological Specification

建设地点：　解放北路与滨江道路口
主要用途：　办公、公寓
总用地面积：　9 467m²
总建筑面积：　178 410m²
核心建筑层数：　66层
核心建筑总高度：　299.8m
设计时间：　2009年

总图

剖面图

巩志涛
Gong Zhitao

2002年毕业于河北工业大学建筑系
天津市建筑设计院设计九所 副主任建筑师

天津市子牙渔湾地区规划设计

建筑设计理念 Philosophy of Architectural Design

天津市子牙渔湾地区位于红桥区的中心部位，红桥区的行政中心位于该区的西南侧，河北工业大学则紧邻该规划区的西北部，规划区的北边是西沽公园，周边有天津西客站位于子牙河以南，耳闸位于规划区域的东南部，紧邻天津的发源地三岔河口，子牙河、北运河、新开河三河就在规划区域东侧交汇。

规划特点：

(1)将子牙河滨水空间作为市民性都市公共空间，并易于到达。

(2)创造来往于城市间实体上和视觉上的联系。

(3)将现有开放空间与新兴的开放空间联系起来。

(4)营建富有交往空间的高密度居住体系。

(5)利用回收中水即收集的雨水形成人工河流网络，使住区最大限度地临水亲水。

(6)实施环境资源低技术利用，以达到经济可行环境可持续发展。

(7)在住区内实施人车分行的步行优先道路系统。

(8)在基地与现有周边设施之间建立通畅的交通联系。

(9)创造带动周边地产增值的空间。

主要技术经济指标 Technological Specification

建设地点：天津市区
主要用途：居住小区
总用地面积：773 600m^2
总建筑面积：848 700m^2
核心建筑层数：6.2层
核心建筑总高度：32m
设计时间：2004年

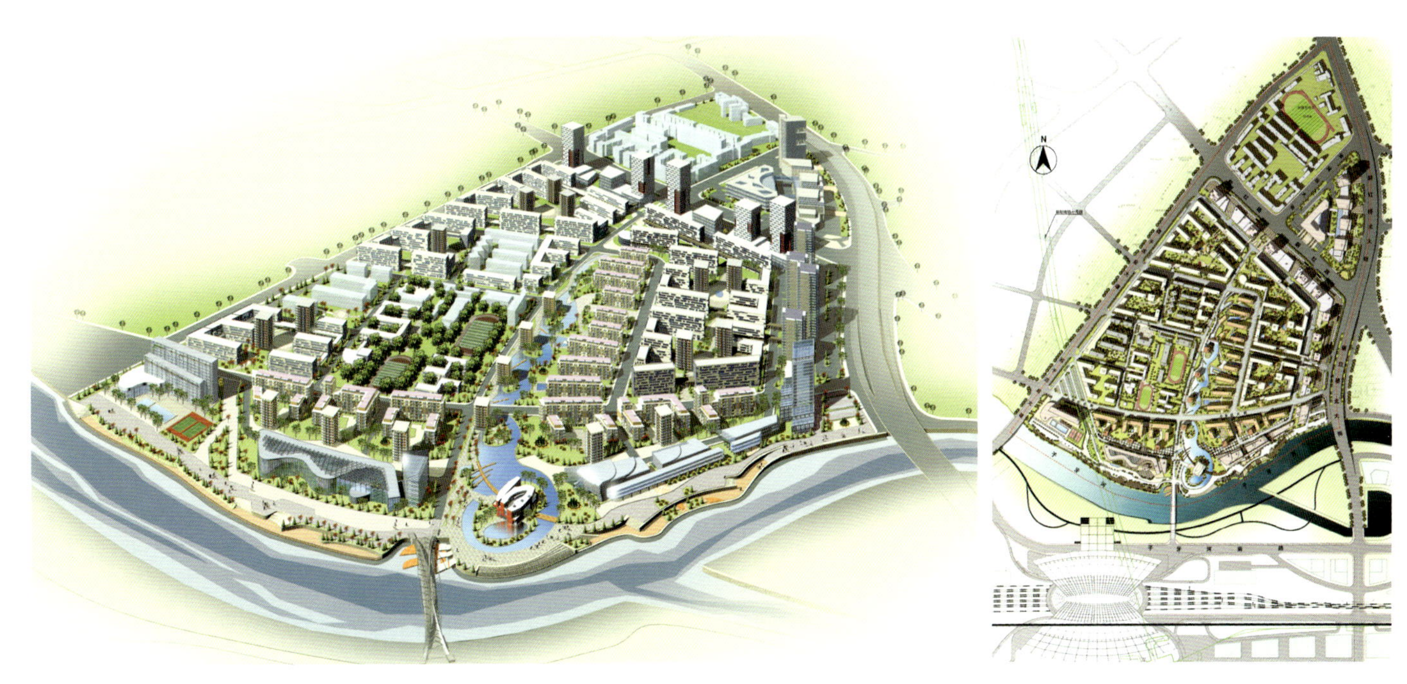
N

张家界天门山索道旅游商贸区

建筑设计理念　Philosophy of Architectural Design

本项目根据《张家界市城市近期建设规划》中重点建设与旅游业发展相关的各种基础设施，尽快实现旅游产品由观光型向观光休闲型等复合产品转型，强化其在国民经济发展中的产业主导地位，以旅游业的发展带动城市建设的发展战略和官黎坪组团“重点建设成为城市副中心，主要的旅游商贸发展区域和交通枢纽区域”定位，依托基地北部的澧水风貌建筑景观带，天门山索道站和新火车客运站商贸区的整体开发，以“天门山下新都市，澧水之滨不夜城”的复合型旅游地产开发理念，整合基地内及周边得天独厚的景观资源、交通资源，将基地规划为集滨河景观休闲度假区、标志性景观广场（城市公园）、五星级与四星级度假酒店、产权式度假公寓、快捷酒店、青年旅馆、商业广场和旅游服务中心于一体的大型现代化旅游商贸服务区，为张家界旅游产业的做大做强提供优质的服务和有力的支持。

主要技术经济指标　Technological Specification

建设地点：　张家界
主要用途：　商业、娱乐、餐饮、五星酒店、公寓、超市、度假村、索道下站、城市展示中心、水上俱乐部
总用地面积：　384 540m^2
总建筑面积：　382 232m^2
核心建筑层数：　20层
核心建筑总高度：　91m
设计时间：　2004年

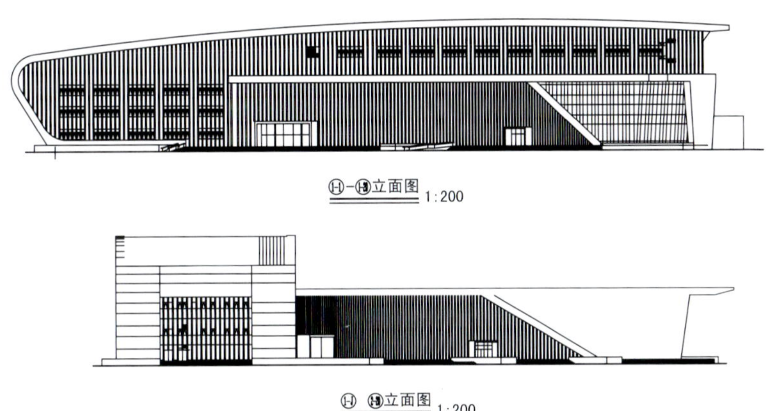

立面图 1:200

立面图 1:200

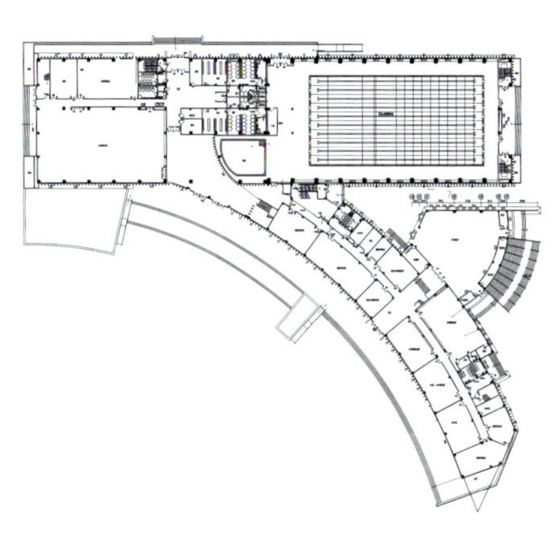

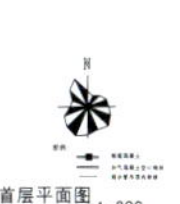

首层平面图 1:200

天津师范大学体育中心

建筑设计理念 Philosophy of Architectural Design

本工程建设位于校园的南部，南北绿化步行带起始点，是进入校区的主要建筑。为协调与校区主入口的相互关系，减少对校区主入口的视觉压力，将建筑位于用地范围的东北侧，通过弧形建筑边界与周边道路围合形成前广场，建筑物的形体因功能分区划分为两部分，北侧平行布置体育中心，南侧为学生活动中心及教师活动中心以及其他辅助用房。形式活泼的建筑形体，不仅体现了体育建筑的动感，而且与其他建筑共同形成了校园南入口的第一景。

消极空间的利用，场馆区与学生活动中心及教师活动中心的东北侧为整个建筑的消极空间，在此布置了多功能厅，将多功能厅的屋顶设计为一个室外舞台，将消极空间转化为积极空间，成为学生业余社团活动的场所。

每个场馆的净高要求不同，本工程充分利用每个场馆间的高差，设计夹层，既满足使用功能，又做到空间的优化组合。

通过统一的立面，缓和内部不同功能的冲突，形成整体建筑和谐统一，轮廓富于变化，力求简洁现代，玻璃幕墙与实墙的穿插运用，大尺度的曲线屋顶把建筑物各部分之间有机联系在一起，充分体现体育特有动感氛围。同时注重了细节设计，使整个建筑具有一个可变化的立面。

主要技术经济指标 Technological Specification

建设地点：	师范大学新校区
主要用途：	体育教学
总用地面积：	52 650m^2
总建筑面积：	20 397m^2
核心建筑层数：	3层
核心建筑总高度：	27m

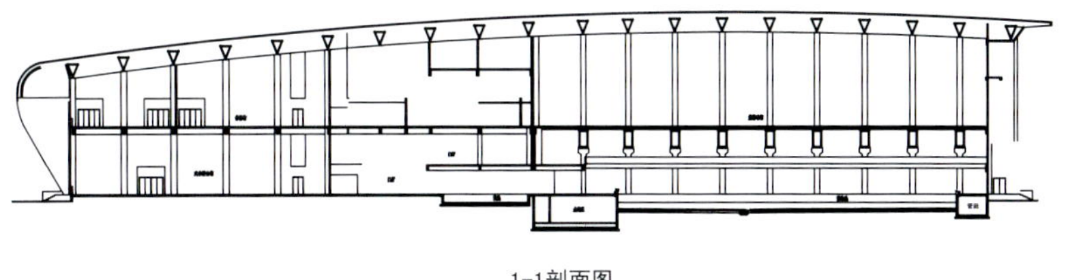

1-1剖面图 1:200

孙　宇
Sun Yu

2005年毕业于天津大学建筑学院
天津市建筑设计院设计九所 建筑师

蓟县规划展览馆

建筑设计理念 Philosophy of Architectural Design

在建筑设计中，充分体现“山水城市、人文城市”的概念。并努力创造出符合周边环境，具有地方特色的建筑形象，使其成为标志性的建筑。一方面总体布局考虑到建筑用地的地理位置以及与周边道路的关系，我们考虑把建筑放置在西北侧，整体以山脉的造型面对南侧的亲水广场。这样的布局形式与蓟县本身“北山南水”的形式统一。能够充分反映蓟县自身的自然环境特点以及“山水城市”的概念；另一方面建筑采用折板屋顶的形式，力求与周边建筑坡屋顶的传统建筑形式相融合。展馆充分体现了传统文化与现代艺术相结合，人文环境与自然环境相结合的特点。

在建筑外型美观大方的基础上，着力表现“山水”的特色。丰富起伏的体量，屋顶折线的风格充满了抽象的艺术感与现代感，在建筑体量上体现了“山”的趋势；南侧将水引入基地内部，结合广场统一布局。从材质的选择上，尽可能地选择蓟县当地的石材以及一些金属仿木构件。体现了“山水、人文”相融合的传统理念。建筑本身既有简约的风格，又不失传统建筑的风韵；既有现代特色，又不失典雅气质。完美地呼应了天津蓟县城乡展览馆的主题。

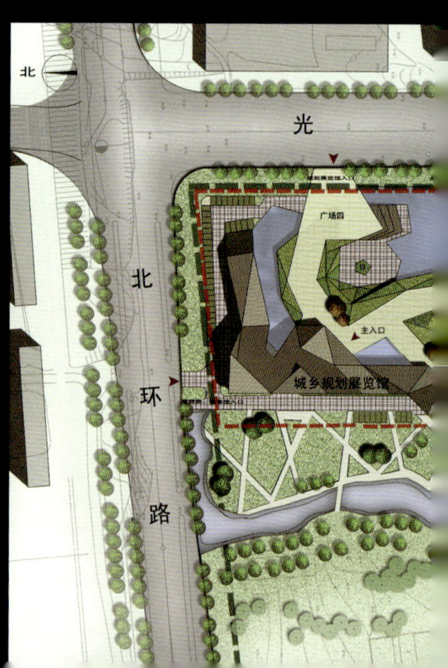

主要技术经济指标 Technological Specification

建设地点：　天津市蓟县
主要用途：　博展建筑
总用地面积：　15 000m^2
总建筑面积：　11 000m^2
核心建筑层数：　4层
核心建筑总高度：　24m
设计时间：　2008年

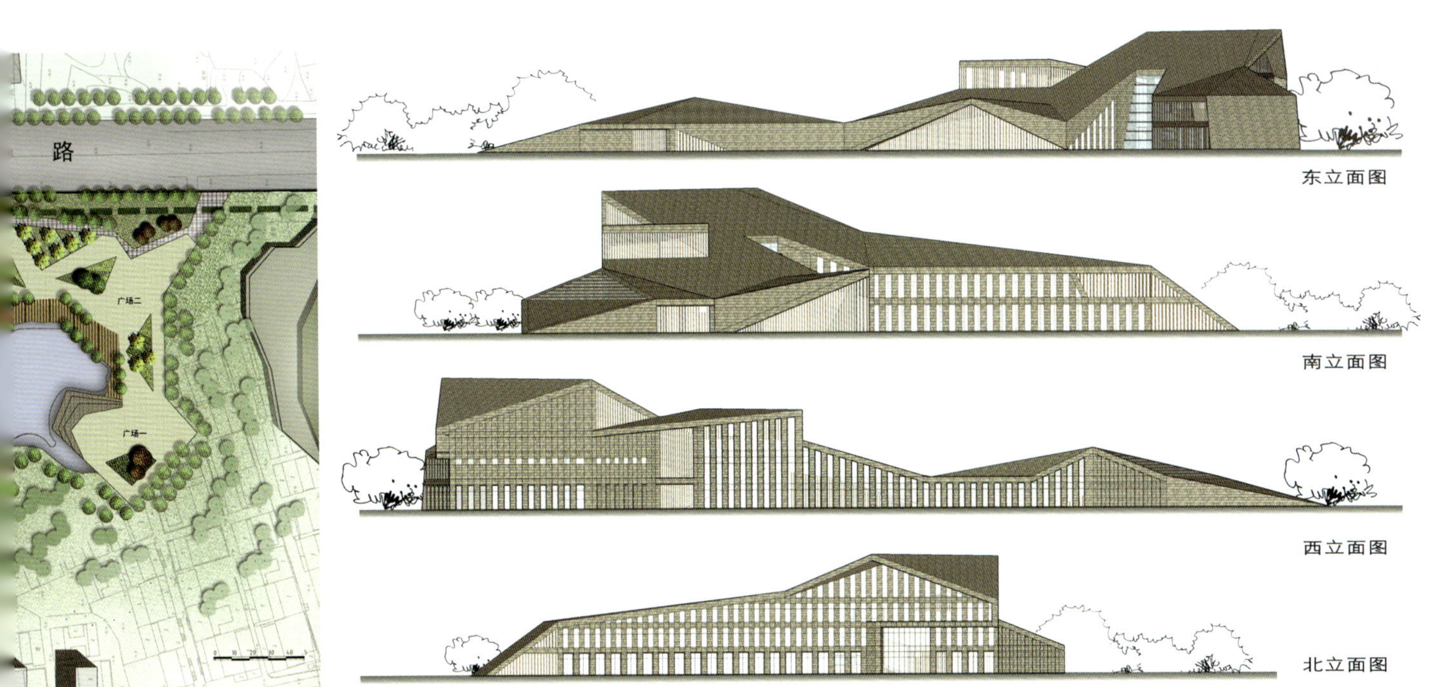
路
广场二
广场一
东立面图
南立面图
西立面图
北立面图

武清办公楼

建筑设计理念　Philosophy of Architectural Design

本建筑位于武清开发区，是武清开发区的第一幢写字楼。设计人通过对地形分析、文化定位、功能分析、使用模式分析、生态分析等诸多方面，对建筑的功能、体量、立面风格等方面进行定位，推理出合理的建筑元素。

对于基地的影响因素主要有三个方面，分别是天鹅湖自然景观、南向日照和道路交叉口的城市景观。合理权衡三个方面的因素，使得建筑与周围环境能够合理地融合在一起。

在建筑外观立面上，我们借鉴中式传统窗棂的特质，将中国传统建筑文化融入现代建筑设计之中，从一个侧面表达武清开发区继承传统、发展未来的精神。

生态方面，我们提出了三项节能环保的措施，力求让本项目真正能达到几十年不落后。首先，为利用烟囱效应降低夏季冷负荷，外墙没有使用大片的玻璃幕墙，并且设计空气夹层降低冷负荷；其次，利用太阳能，本项目可以结合屋顶及观景平台设计太阳能板蓄电，在广场上采用太阳能路灯，力争基本满足公共部分日常照明；最后，多层立体绿化，本项目设计有多个观景平台，均采用屋顶绿化形式，通过屋顶绿化，不仅创造了优美环境，更重要的是可以有效地做到夏季降温，冬季保暖的作用。

主要技术经济指标　Technological Specification

建设地点：	天津市武清区
主要用途：	办公
总用地面积：	13 700m^2
总建筑面积：	76 000m^2
核心建筑层数：	17层
核心建筑总高度：	70m
设计时间：	2007年

WU QING OFFICE

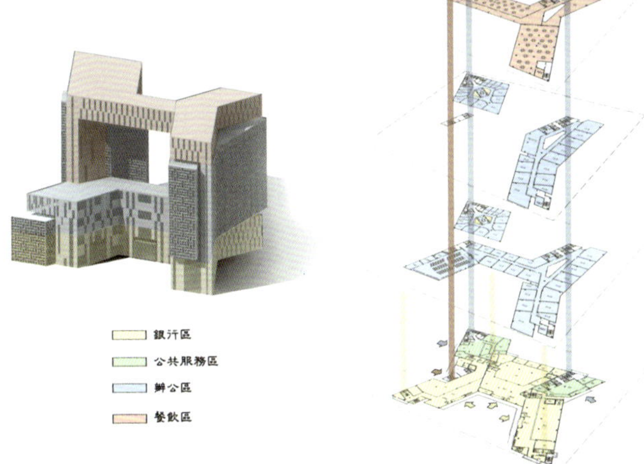
銀行區
公共服務區
辦公區
餐飲區

15.00
泉
旺
路
3F
17F
7F
天
鹅
湖
15.00
N
福
源
道

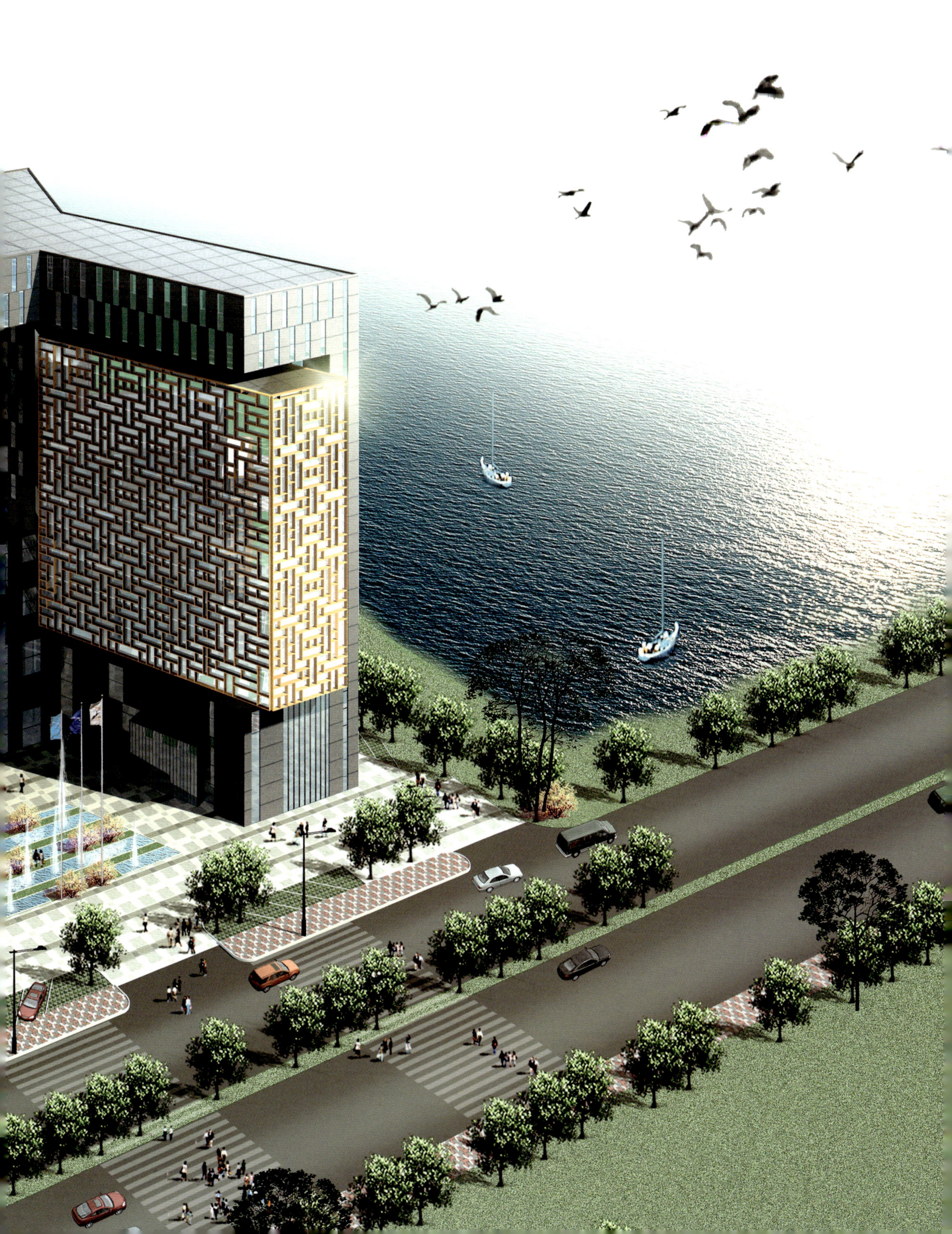

南开大学数学学院

建筑设计理念 Philosophy of Architectural Design

数学院之南是卫津河景观绿化带，在基地现有建筑围合基地大部分南界面的情况下，应用“引”的空间设计理念，创造性地引入一条倾向西南的轴线，生出坡状的建筑体量，从而为场地和建筑争取最大的太阳入射角度——将阳光更多地引入场地内，同时将人顺应自然地导引到水边。南向界面的设计充分考虑了开与合，内与外的空间、环境要素，采用厚重的墙面和特殊的开窗方式，使研究空间既能保持自我的私密性，将城市交通的影响消解在建筑之外；又使得景观能被引入研究办公空间之中。屋顶的开放平台所具有的空间开放性将城市景观充分融入到建筑开放空间中。倾斜轴线和坡状的建筑量体将风、光、水、景自然有机地引入到基地和建筑内，使得建筑与环境交相辉映。

数学院之东南毗邻陈省身数学研究中心和环境科学系。在设计上，运用“合”的手法，通过建筑体量自身的围构与变化，塑造纯净的院落空间，消解了周边建筑给场地带来的尺度上的混乱感和界面上的不统一，形成宁静、宜人尺度的专属的院落空间，为数学科学院的师生创造宁谧的休憩、思考场所。

数学院之北是校园道路，建筑在此处从底部开敞，将天空、阳光、和院落内景让给路上的行人，使院落空间与交通空间有机地融合在一起，自然地形成入口空间。

数学院之西是校园引河绿化带，通过体量上的变化，将景观和阳光引入办公空间，同时也为路和景观带创造了良好的景观底景。

南开大学数学科学学院的总体姿态正是这样集科学理性精神、人文特质与自然景观于一体，理性交织着浪漫，内涵与外拓并存，容载着数学系师生的理想与抱负，向着数学学科的前沿沉稳地开拓。

主要技术经济指标 Technological Specification

建设地点：	天津市南开大学校区
主要用途：	教学楼
总用地面积：	7 000m^2
总建筑面积：	13 000m^2
核心建筑层数：	5层
核心建筑总高度：	24m
设计时间：	2006年

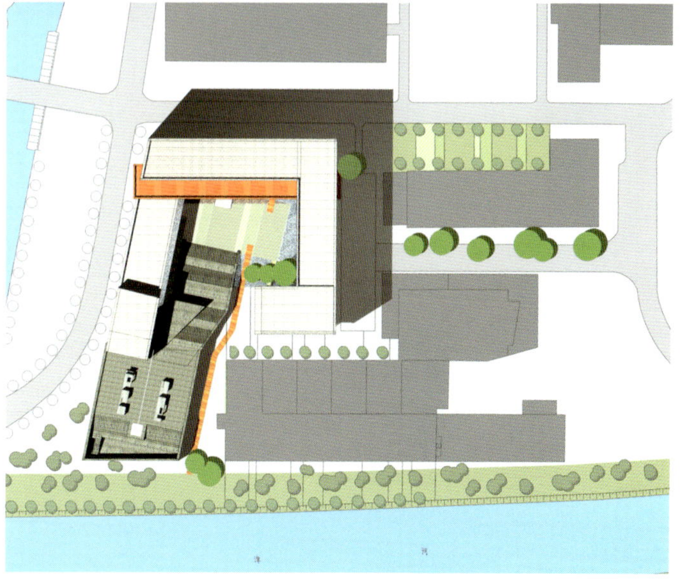

李书鹏

Li Shupeng

2000年毕业于天津城市建设学院建筑系

天津市建筑设计院设计十所主任建筑师

康巴什示范中学

建筑设计理念 Philosophy of Architectural Design

校园总体建筑沿周边道路布置，呈“L”形，围合田径场地。校园主入口朝东设计在南北向道路上。

本方案的构思特点为以一、二层架空平台作为整个校园建筑群的纽带，贯穿校园各个单体建筑，在二层标高处将各建筑连成一体。正对主入口处放大形成大型活动平台，以大台阶同校园前广场联系。平台上部以大型构架形成象征性屋顶，巨大的尺度强调了主入口，给人以强烈的印象。

大平台以北为试验、办公、图书馆、阶梯教室及食堂宿舍，以南为综合教学楼和风雨操场。

主要技术经济指标 Technological Specification

建设地点： 内蒙古鄂尔多斯康巴什新区西经十路与纬二路交口

主要用途： 学校

总用地面积： 69 390m^2

总建筑面积： 39 750m^2

核心建筑层数： 4~5层

核心建筑总高度： 20m

设计时间： 2008年

孙鸿新
Sun Hongxin

天津市建筑设计院 总建筑师
医疗建筑设计所 所长
正高级建筑师
国家医疗卫生建筑学会理事
国家卫生建设专家咨询委员会委员

天津市胸科医院

建筑设计理念 Philosophy of Architectural Design

指导思想一："以患者为中心"

功能分区、布局、流线全部以患者为优先考虑的中心。

体现：

"以水平流线为主"

研究表明，医院水平流线比垂直流线效率更高、更便捷，尤其为心胸疾病患者提供最便捷的流线，门诊医技设两层，住院7层

"门诊住院围绕医技"

形成门急诊、住院包围医技的围合状布局，之间通过医院街联系，流线更紧凑，救治最便捷。

"住院楼内外科分设"

患者与医技流程近、时间短、效率高，便于管理，有利患者治疗与康复。

指导思想二："经济、节能"

体现：

"降低层数"

裙房2层，主楼6层，结构经济、抗震好、建设周期短，利于紧急情况疏散，减少遮挡。

"模块化单元"与内庭院

单元间内庭院，利于诊室等房间采光通风，单元设备能源使用可独立控制，节能降耗，地下室餐厅等可采光。

两栋住院楼"V"字形布局，减少楼横向长度，形成丰富的景观，减少对北向的遮挡，使两侧房间均能采光。

主要技术经济指标 Technological Specification

建设地点：天津市胸科医院

主要用途：专科医院

总用地面积：91 413m^2

总建筑面积：96 000m^2

核心建筑层数：7层

核心建筑总高度：31m

设计时间：2008年

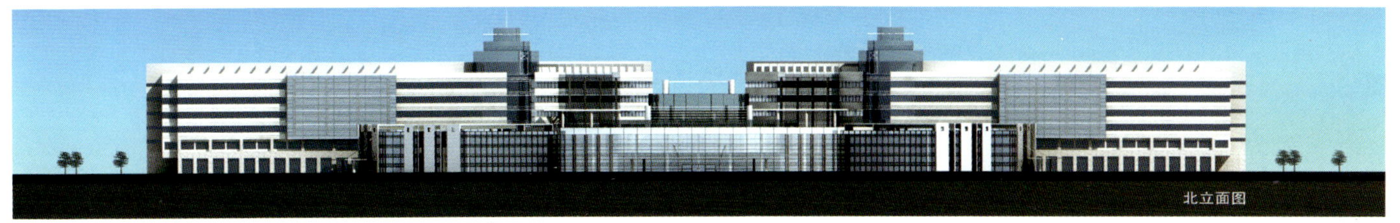

北立面图

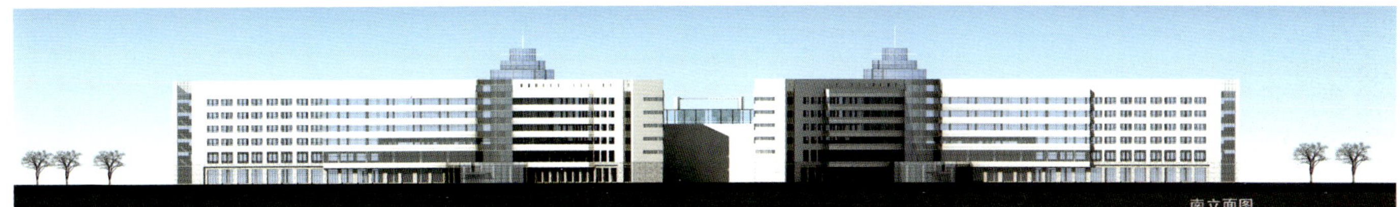

南立面图

迁安市人民医院迁建工程

建筑设计理念　Philosophy of Architectural Design

1.该项目采用集中式布局方式，门诊及医务人员主出入口设在南五环路上，后勤、污物出入路口设在西侧经五路上。用地内设有环形道路，连通各功能区域。场地上按各功能分区分别设有停车场及出租车专用停车场共计800辆（含地下停车125辆），以求减少人与车、车与车的交叉干扰。建筑物距主要干道（南五环路）退线100m，留有足够疏散和疏导的前广场用地，并使主体建筑尽可能远离噪声源。场地内留有充分的发展余地，根据不同使用功能区域设计绿化及雕塑。

2.在医院整体设计中充分体现现代化医院标准，全空调环境、“以人为本”、经济、节能、节地、高效的设计理念。

在环境设计中，尽可能降低层数，设置中庭和内庭院，设置集中绿化花园，使建筑融入到周边优美的环境中去，创造更适宜医疗的环境。

在交通组织中，采用以15m宽主街作为水平主要交通干线，联系各功能房间，达到治疗路线短而清晰，避免交叉感染，创造安静而有序治疗环境。通过交通主街，共享中厅，内庭院既活跃了建筑空间，又改善了患者就医环境，充分体现“以人为本”的设计理念。

3.各功能分区布局科学合理，充分体现出“以患者为本”的现代化综合医院设计理念。在设计中做到了在各个就医功能区域内，医、患；洁、污物；动、静；内、外入、出路分开。就诊中采用一医一患的就诊方式，充分考虑患者的隐私性。急诊科室采用三级急诊抢救布局方式，在就诊中采用均匀式挂号、划价方式，避免了不同病人的交叉感染和拥挤。为就医者提供了安全、可靠、便利的就诊区域。

4.在住出院部等候区域，设立了银行、鲜花、餐饮、小型超市等方便就医者使用的服务内容，充分体现了人性化的设计理念，为就医者提供最完善的就医环境。

5.采用现代化建筑风格，充分体现现代化医院简洁、高效的建筑形象。医院两座主楼平面采用“V”字形，像两只燕子一样，飞临燕山脚下这座生机勃勃、飞速发展的城市，又寓意医院事业蒸蒸日上，奋发腾飞的精神。裙楼“一”字形排开，面向南面主入口，形成颇具壮观气势的建筑形象。中央玻璃大厅晶莹剔透，医院街采用顶上波浪状飘篷，以及模块化的门诊体块，形成富有韵律的建筑乐章，主楼与裙楼一高一低，一动一静，形成丰富变化的城市景观。

主要技术经济指标　Technological Specification

建设地点：　迁安市燕鑫公园南侧
主要用途：　综合医院
总用地面积：　148 060m^2
总建筑面积：　140 668m^2
核心建筑层数：　14层
核心建筑总高度：　61.5m
设计时间：　2008年

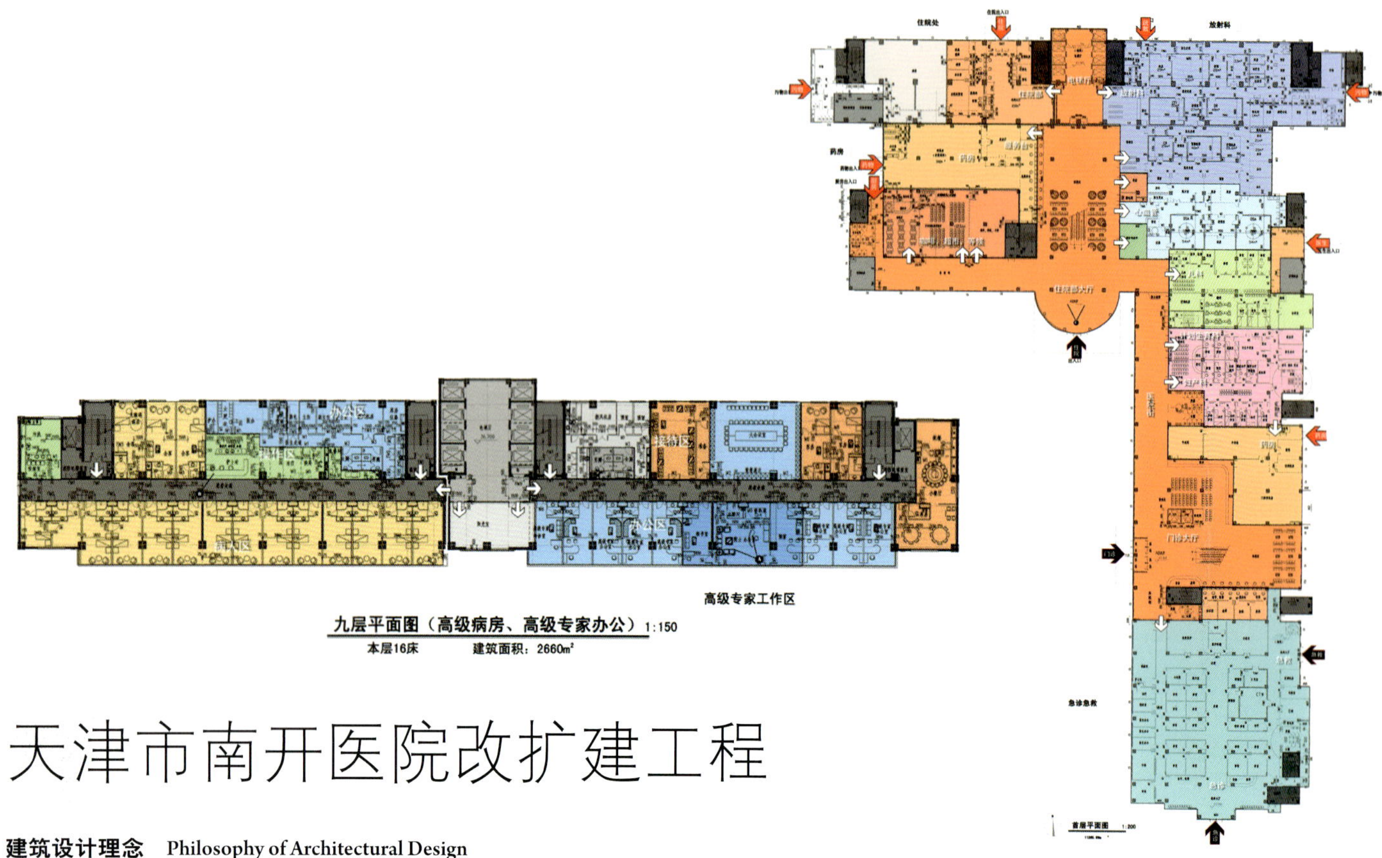

九层平面图（高级病房、高级专家办公）1:150
本层16床　建筑面积：2660m²

天津市南开医院改扩建工程

建筑设计理念　Philosophy of Architectural Design

本工程总体布局上将门诊、医技、住院明确分区，各有独立入口大厅。门诊西侧保留大片绿地作为科室未来发展用地，未来发展用地建设不影响大楼的使用。建成后主轴线形成一条室外街，与两侧门诊区医院街形成直接的联系，并且两侧通过室外街上空的连廊联系形成有机整体。

门诊采用模块化布局，模块化使科室相对独立，水、暖、电气设备可独立控制。模块之间为室外庭院，便于医疗用房自然采光通风，利于节能的同时，也便于施工。门诊主入口前设有陪诊家属等候大厅，等候大厅内设有咨询和导诊台。通过医院街将各诊室及其他相关科室串联。每个门诊科室设有独立候诊厅，挂号、收费采取每层设置方式，力求达到便于患者治疗，以患者为本。

单廊医院临街一侧为玻璃幕墙，宽敞明亮，有良好的采光和视觉景观，节省以往室内主街人工照明的能源消耗。

急诊和急救分设出入口，使急诊部满足三级抢救的要求。

住院楼采用每层两个护理单元方式，设置供两个护理单元集中使用的医务、患者、探视、手术洁物垂直交通厅，并根据内外使用分开。在护理单元中，采用医患出入路和区域分开方式，患者需通过护理站才能够到达医生工作区域，以减少患者和医务人员的相互干扰和疾病感染，同时也为医务人员提供较稳定的工作和医疗环境。

最大限度地留有绿化用地，在室外设计中留有大片集中绿地，在室内用不同大小的内庭院组合内部空间，结合相邻路道及周边建筑风格，为病人创造出一个花园式的优美、舒适、协调的治疗环境。

主要技术经济指标　Technological Specification

建设地点：　天津市南开区长江道北、三纬路南
主要用途：　综合医院
总用地面积：　45 770m²
总建筑面积：　84 000m²
核心建筑层数：　16层
核心建筑总高度：　67.6m
设计时间：　2008年

南立面

西立面

王　滟
Wang Yan

1999年毕业于河北工业大学建筑系
天津市建筑设计院医疗建筑所 副主任建筑师
国家一级注册建筑师

天津世纪东方医院

建筑设计理念　Philosophy of Architectural Design

新建天津世纪东方医院是一所具有500床规模的综合医院，位于天津市武清区京福公路与光明道延长线交口处,该医院是集医疗、教学、科研、康复为一体的现代化综合医院，西面、南面、北面分别为京福公路、岳阳西道和光明道延长线。东侧为预留用地。红线控制：西侧退京福公路道路红线15m，北侧退光明道延长线18m，东侧、南侧退线10m。该工程总用地面积为164亩（109 336m²），总建筑面积为81 997m²，单体建筑有门诊住院楼、后勤综合楼、康复中心、办公综合楼、发热门诊及呼吸道传染病住院楼、职工宿舍、太平间、垃圾转运站、放疗室、氧气站等。

门诊住院楼主楼11层，裙楼2层，地下1层，内设有门诊部、急诊部、中心供应、药剂中心、手术部、住院部、ICU、CCU等部门。设482张病床，其中包括9张ICU病床，10张CCU病床。设全院中心手术部，共8间手术室。后勤综合楼3层内包括营养食堂、职工餐厅、设备用房、洗衣房、报告厅等。康复中心5层内设有疾病与运动康复80床，亚健康医疗及康体休养40间，首层还设有体检中心、理疗科、康复科、餐厅及游泳池。办公综合楼四层内1、2层为商业服务，3、4层为办公用房。

人性化空间塑造体现人文关怀。

1.集中式布局使患者在治疗过程中更加便捷，使医院运行更加节约和高效。

2.医院街及医患、洁污、动静、内外入出路分开的合理流线，为患者提供了更加具有稳定性和可靠性的医疗区域。

3.一医一患及均匀式挂号、划价等医治方式，为患者提供具有隐私性和针对性的服务。

4.在公共空间设置了银行、超市、咖啡屋等设施；手术部家属等候区及每个护理单元都设有休息休闲空间，为家属提供静心的环境；住院部每层为患者设置阳光室，方便交流。

5.适宜患者医疗的室外环境设计及亲切朴素的建筑造型，给患者留下美好的印象，为城市环境增色添彩。

主要技术经济指标　Technological Specification

建设地点：　天津市武清区京福公路与光明道延长线交口
主要用途：　集医疗、教学、科研、康复为一体的现代化综合医院
总用地面积：　109 336m²
总建筑面积：　81 997m²
核心建筑层数：　11层
核心建筑总高度：　49.6m
设计时间：　2004年

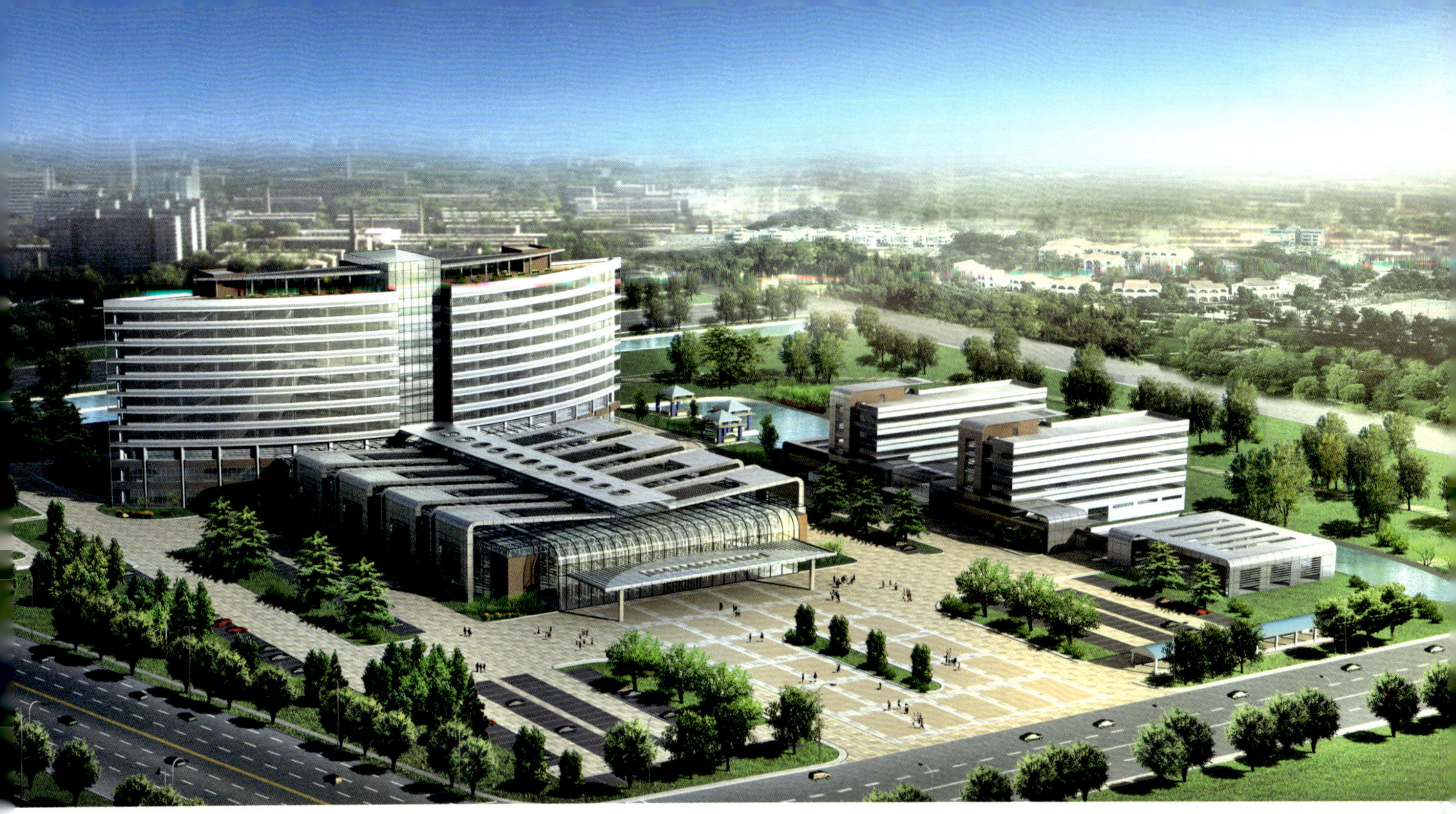

拟 规 划 路
办公、后勤入口
生活入口
行政科研
放疗
职工宿舍
职工
入出院 急诊
入口
急诊急救
儿科妇科
康复中心
康复中心
门诊、医技
机动车
机动车
机动车
康复中心
主 入 口
拟 规 划 路
公
路

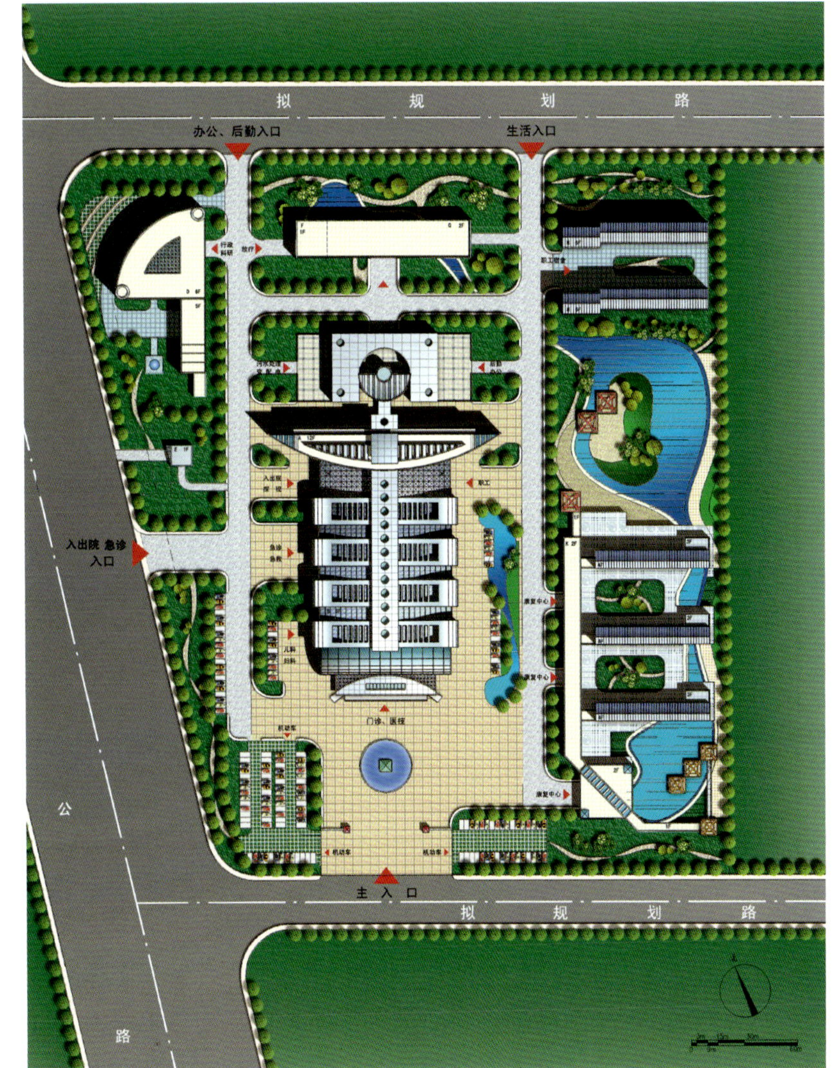

沈文涛
Shen Wentao

1994年毕业于重庆建筑大学建筑系
2006年赴美国纽海文大学研修
1998—1999年任天津市建筑设计院重庆分院 常务副院长
2004—2008年天津市建筑设计院设计一所 执行总建筑师
天津市建筑设计院城市规划所 所长、执行总规划师

天津天钢柳林地区城市副中心起步区城市设计

建筑设计理念 Philosophy of Architectural Design

天钢柳林城市副中心起步区是以会议、展览、商务办公、商业娱乐及休闲居住于一体的，集中展现天津大气、洋气城市形象的生态型城市副中心核心区，是城市副中心形象及功能的重要载体。

在规划上，强调结构清晰、风貌协调的整体性原则；强调集约利用土地、空间疏密得益、流线顺畅、分区合理的集约性原则；强调尊重现状地形地貌，并与自身发展优势相结合，采用生态设计方法的可持续发展原则。

在规划设计中，强调海河是地区最宝贵的景观、人文资源，注重提升滨河沿岸地区的景观环境和服务功能，并以此作为地区特色资源优势，重点打造“海河风情带”，提高地区价值；以综合会展中心及轨道交通枢纽为主要推动条件，为地区带来大量的人流、资金流和信息流；结合地区良好的自然景观条件和高强度的开发模式，突出地区紧邻海河的亲水特点，设置楔形绿地，将海河优美的水体景观引入到城市中去；将海河风情带、综合会展区以及与水岸连接的城市绿楔结合在一起，形成“一带、一区、两楔”的紧凑型的城市结构，集中体现天津中西合璧的滨水城市风貌。

主要技术经济指标 Technological Specification

建设地点：　天津海河天钢柳林地区起步区
规划性质：　城市设计
总用地面积：　3 230 000m²
总建筑面积：　5 650 000m²
设计时间：　2009年

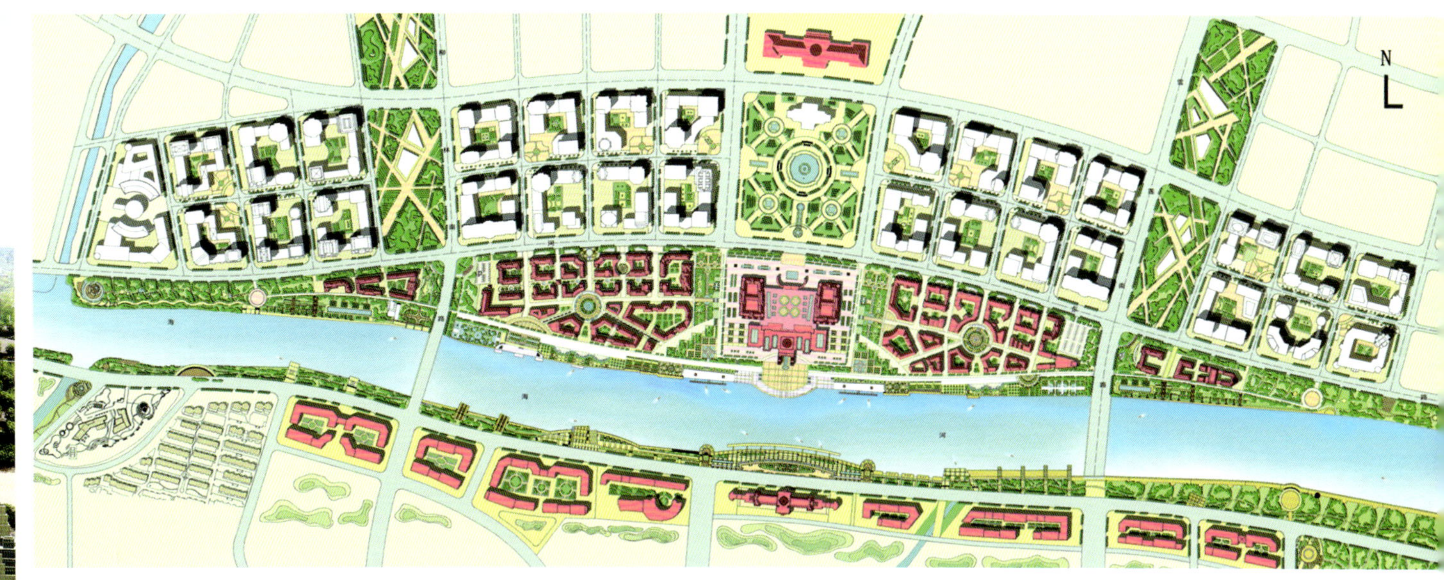
N

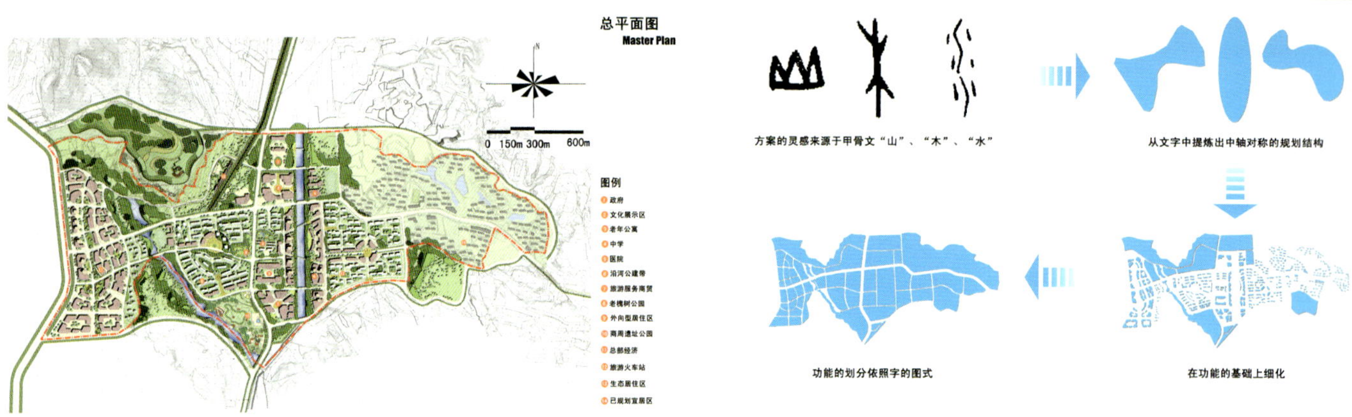

总平面图
Master Plan

天津蓟县许家台乡总体城市设计城市规划

建筑设计理念 Philosophy of Architectural Design

如何理解“建设社会主义新农村”？如何读懂许家台？这是项目开始时我们要解决的难题。既要站得高又要看得远。

项目以总体城市设计开始，在对大的背景环境认识后，对许家台乡的各种资源优势进行了深入发掘，布局中体现了城市社区的一种特征，而这是符合许家台的发展要求的，在规划中结合现状，规划了旅游观赏线路，对拆迁和未来发展的定位做了深入分析与研究，“你们是许家台的人”乡领导的评价是对我们的最高褒奖。

主要技术经济指标 Technological Specification

建设地点：　天津蓟县许家台乡
规划性质：　总体城市设计、总体规划
设计时间：　2008年

张掖市重点地段规划设计

建筑设计理念 Philosophy of Architectural Design

项目位于张掖新城，主要规划是在两条主干道两侧（其中一条主干道为迎宾道）200m进深的用地内，结合总规和控规进行项目策划、城市设计及导则的制定和详细规划。项目总用地380hm^2，建筑规模500万m^2，每一地块的性质、功能、各项指标及彼此之间的关系都是方案要解决的问题。同时，为了今后实施，还要有相应的导则。

张掖具备丰厚的历史文化积淀和优越的未来发展前景。项目设计结合历史与未来，在融入现代城市的空间、肌理与功能的同时，没有按一贯的手法去体现历史，张掖具有四千多年的历史，不可能简单地复制，而具有几千年历史的城市应当在未来有更好的发展，本身就证明了进步、发展的重要性。融合、发展、现代成为该项目设计的原则。内涵上的共生，共享取代了形式上的组成与复制。从入市口综合服务区到休闲广场，到工业区先导区，通过迎宾大道，在20万人口的中等城市中，有机地把城市的主要功能联系起来，而众多功能与张掖的历史、文化、河西走廊的中心位置是密不可分的。同时，对原有控规部分地块在性质上进行了置换，使布局更加合理、有序。

主要技术经济指标 Technological Specification

建设地点：甘肃省张掖市
规划性质：城市设计、详细规划
总用地面积：3 800 000m^2
总建筑面积：5000 000m^2
设计年份：2007年

屠雪临

Tu Xuelin

1997年毕业于天津大学建筑系获硕士学位

天津市建筑设计院 副总建筑师

天津市建筑设计院滨海分院 总建筑师

正高级建筑师

全国商业注册建筑师

中国建筑学会建筑师分会人居环境专业委员会委员

天津市工程评标专家委员会委员

天津开发区化学工业园接待展示中心

建筑设计理念 Philosophy of Architectural Design

位于天津开发区化学工业园边缘和蓟运河交界处的接待展示中心建筑面积为2 150m^2，三层剪力墙结构。设计通过建立一个波动的平台对大地的起伏进行模拟，寻求生态与理性之间的平衡。舒缓的人造地景使之成为自然的延伸，并为城市提供奇特的开放空间体验。连续的景观将形态抽象的建筑与大地景观融合在一起，建筑适应了其所在的环境，并提供了使用空间。建筑表皮以植物攀爬索编织，上面的植物随四季变换着质感和颜色，为建筑增添几分诗意。

主要技术经济指标 Technological Specification

建设地点： 天津开发区化学工业园

主要用途： 接待、展示

总用地面积： 7 200m^2

清水混凝土墙面
清水混凝土墙面
不锈钢植物拉索
清水混凝土墙面
新风百叶
清水混凝土墙面
弧轴定位点
新风百叶
清水混凝土台阶
清水混凝土墙面
清水混凝土墙面
清水混凝土墙面
不锈钢植物拉索

清水混凝土墙面
清水混凝土墙面
不锈钢植物拉索
清水混凝土墙面
清水混凝土墙面
弧轴定位点
新风百叶
清水混凝土台阶
清水混凝土墙面
清水混凝土墙面
清水混凝土墙面
不锈钢植物拉索

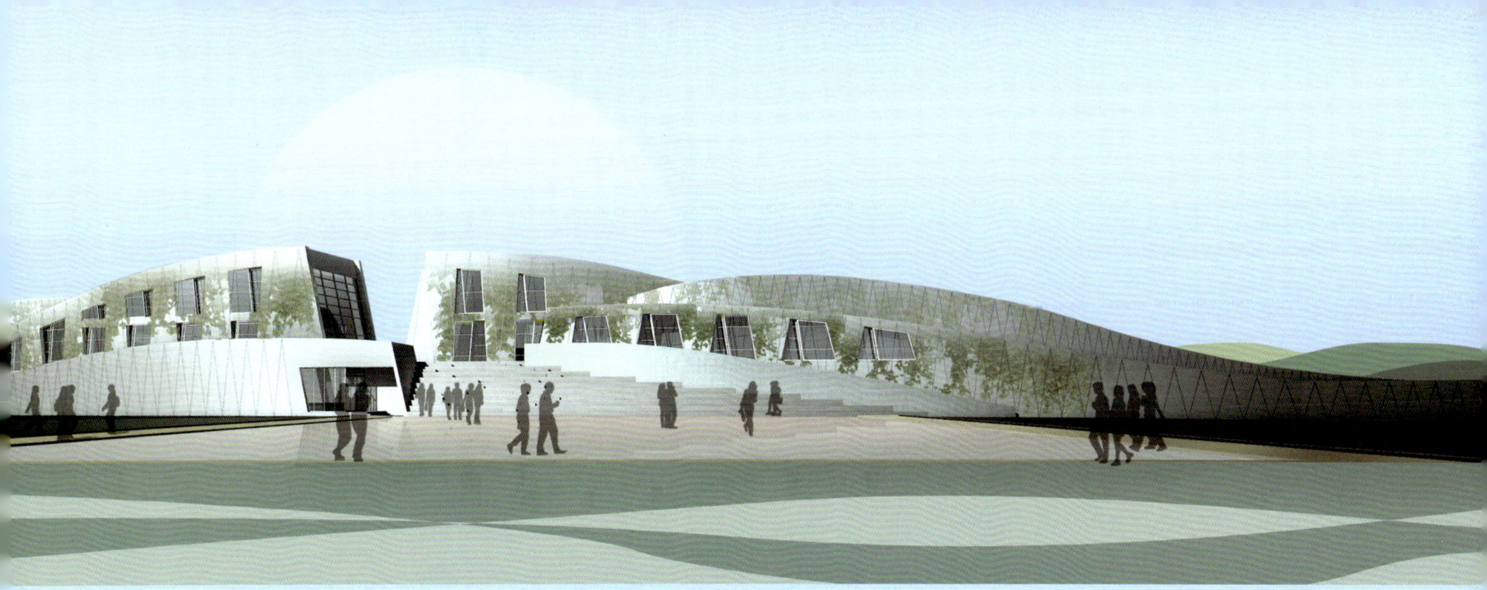

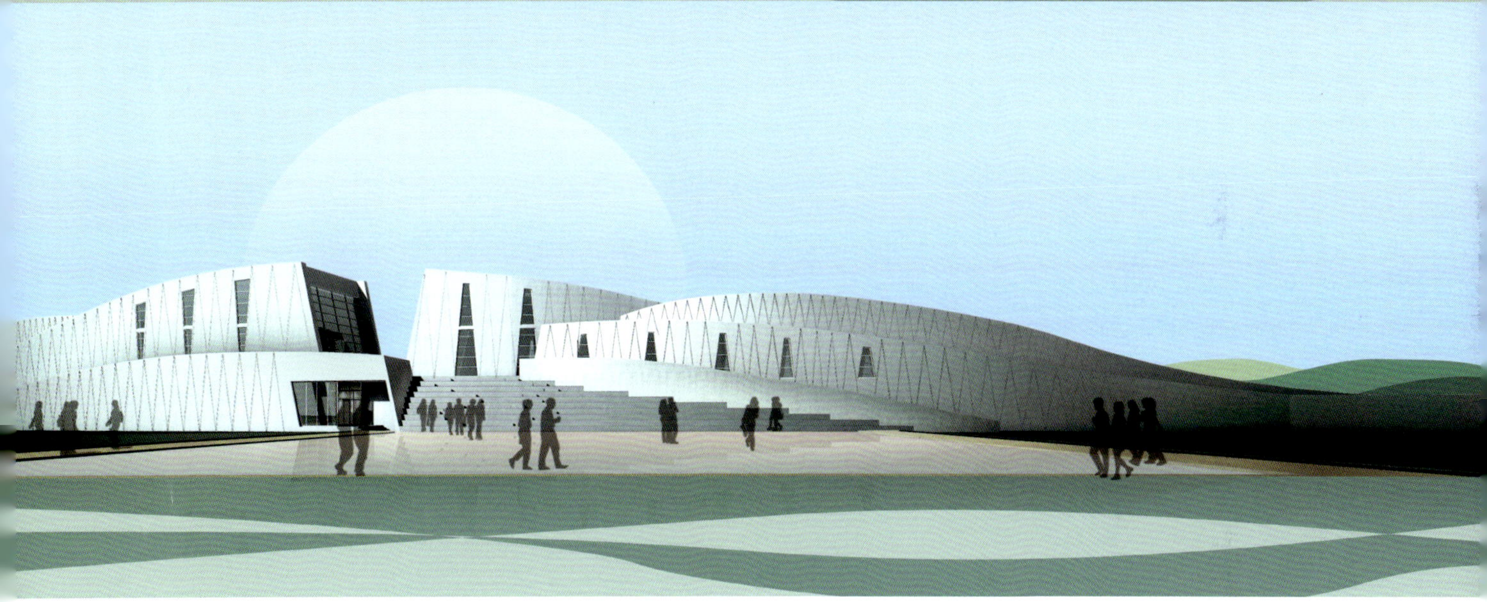

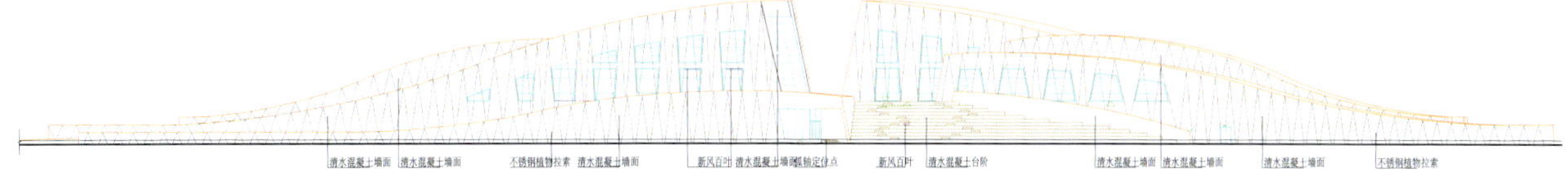

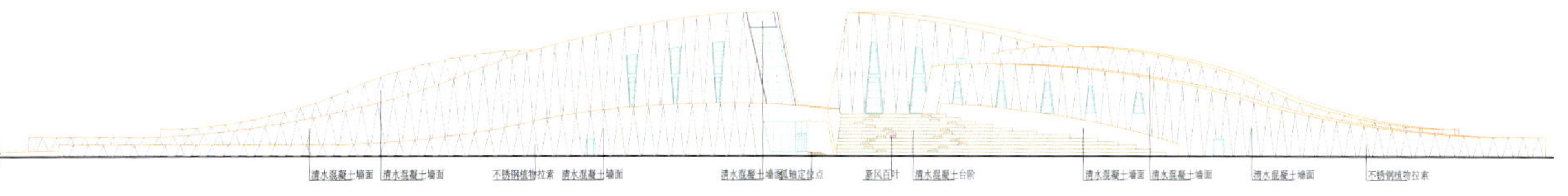

剖立面

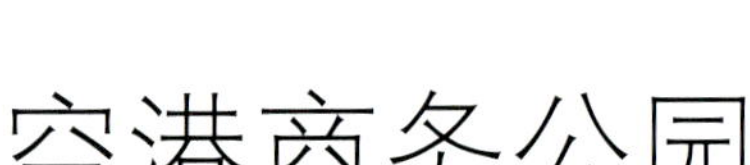

空港商务公园

建筑设计理念 Philosophy of Architectural Design

1.创造大体量、包容多元综合的业态形式。

2.创造良好的生态商务环境。

3.创造完备体贴的人性化商务配套。

4.创造自由、开放、和谐、交融的国际商务全新体验。

主要技术经济指标 Technological Specification

建设地点：	天津空港物流加工区
主要用途：	商务办公
总用地面积：	63 000m^2
总建筑面积：	95 000m^2
核心建筑层数：	9层
核心建筑总高度：	43m
设计时间：	2009年

Kosney
Watsons

胡云凌

Hu Yunling

1997年毕业于天津大学建筑系

2001年任天津市建筑设计院设计三所 副主任建筑师

2005年任天津市建筑设计院设计三所 主任建筑师

2008年任天津市建筑设计院TA工作室 主任

广州大学城体育场

建筑设计理念 Philosophy of Architectural Design

该项目充分利用基地现状特有的高差起伏，局部进行土方量的整合，自我消化。形成由周围道路向中心体育场缓缓升起的坡地绿化集散广场，结合星星点点散落的灯光与休闲小品形成极有个性的体育公园。强调建筑是由地下“生长”起来的。简洁、纯净的空间体悬浮在生机盎然的大地上，与大地浑然一体。由于坡地的延伸可直接到达观众集散点，所以从视觉景观上感觉传统体育场的交通平台消失了，只看到主体建筑白色纯净的雨棚漂浮在巨大的绿坡之上。雨棚布置为“U”字形，开口方向面南，从空间上导向对面的水面，仿佛山水中的楼台。正所谓：“四时山水披青绿，万里楼台映碧波。”

主要技术经济指标 Technological Specification

建设地点：广州市番禺区小谷围岛内

主要用途：50 000座体育场

总用地面积：97 000m^2

总建筑面积：39 000m^2

核心建筑层数：4层

核心建筑总高度：45m

设计时间：2005年

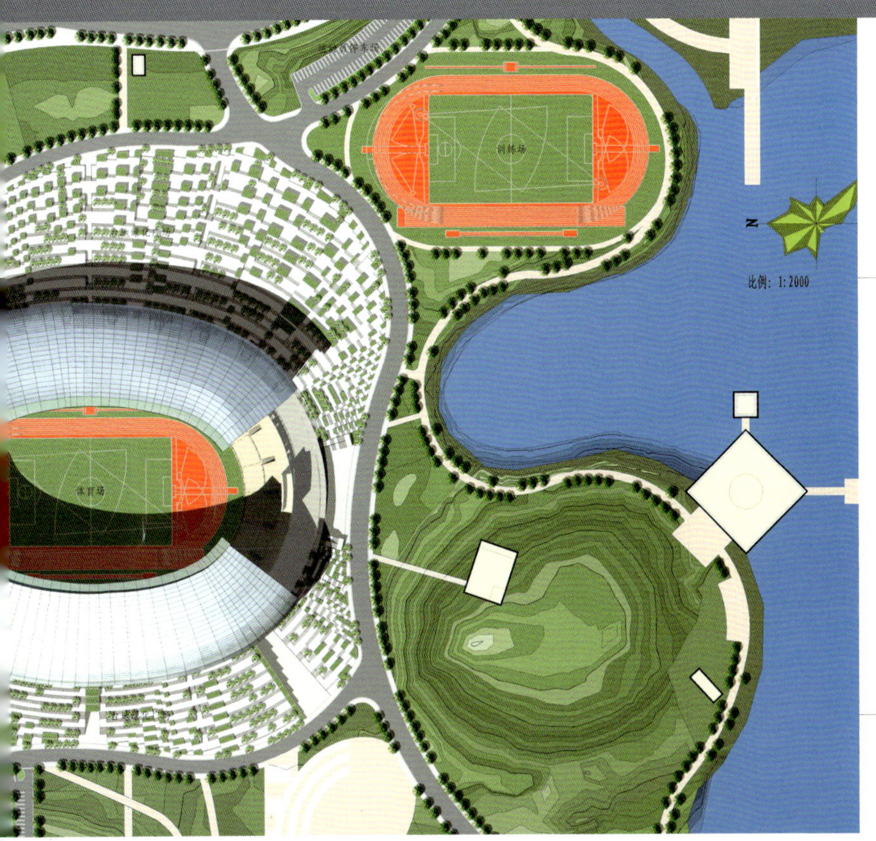

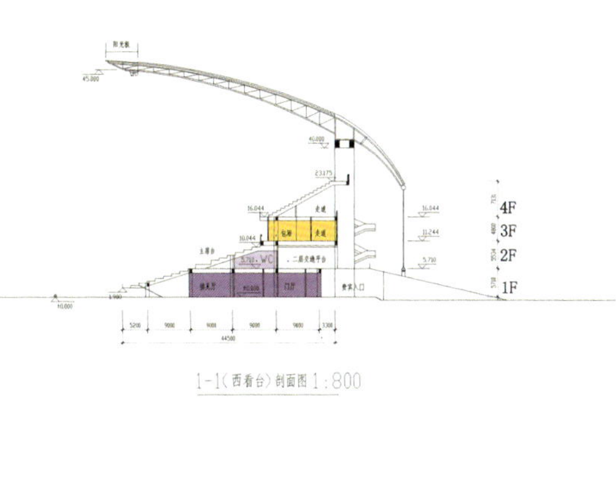

1-1（西看台）剖面图 1:800

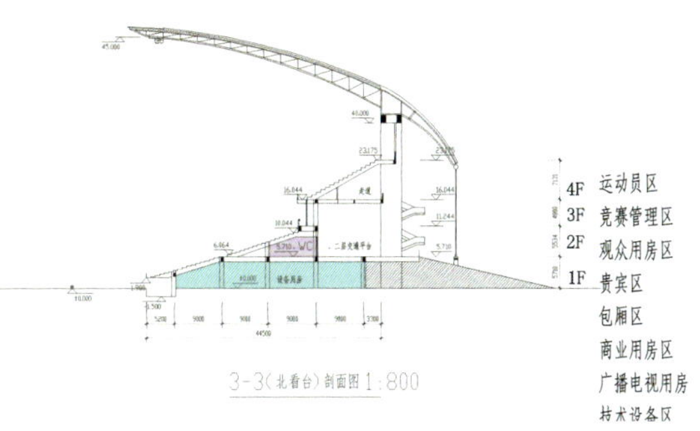

3-3（北看台）剖面图 1:800

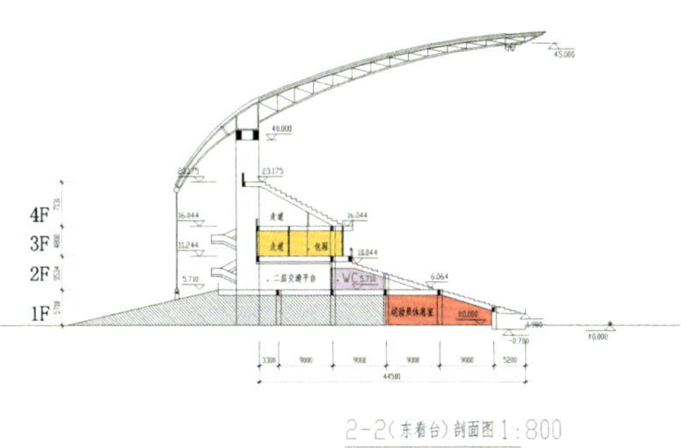

2-2（东看台）剖面图 1:800

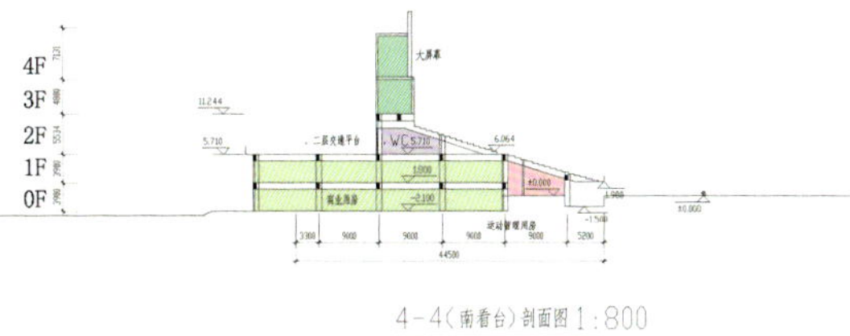

4-4（南看台）剖面图 1:800

广州大学城中心区体育场
一切皆有可能

西青区第九十五中学示范校

建筑设计理念 Philosophy of Architectural Design

天津市西青区第九十五中学示范校总建筑面积约为7.5万m2，共66个教学班，在校生达到2 970人的示范高中校。

树木的引入

“学校之初，是一个人坐在一株大树下与一些人讨论他的知识，一些空间设立起来，这就是最早的学校。”一路易斯·康

校园作为教书育人和科研实践的场所，是知识产生和传播的源泉，需要形成自身所特有的环境氛围，由大师的话我们逐渐形成把树木绿化引入到师生教学空间的a理念。这一思想同时也体现了校园建设“园林化、生态化”的良好愿望。于是本方案中一条贯穿校区南北联系各个功能区的共享大厅中出现了阳光、绿化、树木。或许，一个树下读书的背影会成为留在学子们心中永远美好的校园印象……

总体布局

一、规划结构：整体规划引入两条轴线，一条贯穿南北的室内共享大厅轴线形成整个综合体建筑的骨架，将各功能元素有机组合在一起，形成清晰的规划结构；另一条由主楼前广场和后广场构成，两个广场通过主楼的局部架空连接为一体，结合主入口形成室外轴线，可联系教学区、生活区及室外体育区，同时室外轴线以开放的形态成为连接校园内外的纽带。两条轴线有致穿插形成完整的校区结构。

二、功能分区：本方案中，我们把教学区设置在室内轴线的西侧，分为教学A区和B区。试验区设置在轴线东侧，也分别对应分为A区和B区一对应使用，交通便捷。整个A区和B区分别设置在室外广场轴线的北侧和南侧。中心为行政办公楼和图书馆以及报告厅等学校的核心设施。中心的地理位置可以最大限度地为服务于整个校区提供方便。

综合体育馆位于综合主体的西北角，结合室外体育场形成体育区。由于临基地边界可在榆林路设置辅助入口，便于平时对外开放，为以馆养馆的经济性提供可能。

体育场看台和雨棚均由体育馆造型衍生，浑然一体，造型完整。

国际部教学区位于室内轴线的西北角，相对独立，设置专用出入口，造型灵活。为市区方向的主要人流提供良好的城市景观。

培训综合楼位于内轴线西南侧，设置独立的培训教室及办公室。

基地的东南位置布置生活区，包括普通学生宿舍、国际部宿舍、教师宿舍和食堂。整个生活区位置独立自成一体，有效地降低与教学区的相互干扰。

主要技术经济指标 Technological Specification

建设地点：	西青区大寺镇
主要用途：	学校
总用地面积：	119 500m^2
总建筑面积：	96 000m^2
核心建筑层数：	8层
核心建筑总高度：	32m
设计时间：	2008年

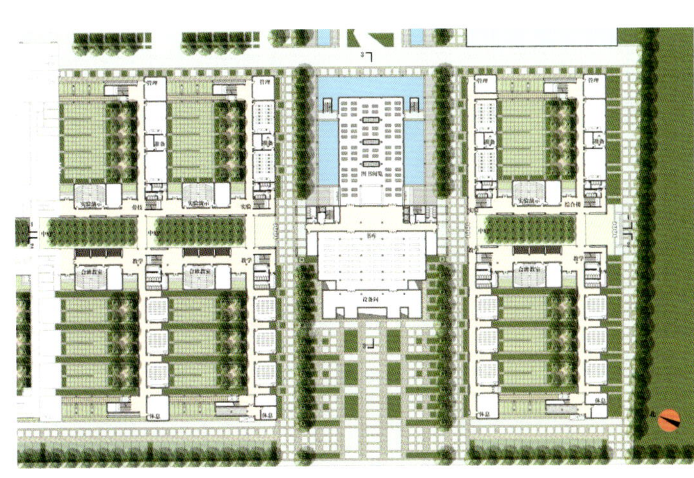
管理
图书阅览
实验演示
中庭
教学
合班教室
设备间
休息
综合楼
实验
北

教师宿舍
学生宿舍
食堂
综合体育馆
国际部
次入口
主入口
综合行政楼
N

透视渲染图

天津某宾馆

建筑设计理念 Philosophy of Architectural Design

项目坐落于天津市河西区，周围坐有落天津市大礼堂、水晶宫酒店、国际展览中心、津利华酒店、天津市博物馆等大型公共建筑，无论是档次还是氛围，层次都比较高。作为高级酒店商务区，一方面以现代科技概念统领；另一方面在建筑形体空间上与城市环境协调，构筑一个具有区域代表性和行业领袖性的国际一流酒店商务区。

本项目的原有用地中心种植了大量有几十年树龄的大树，已经形成气候，很有保留价值。所以，在本方案整体布局上，我们尽量让出原有树木，结合新建建筑形成一个较大规模的中心绿化空间。根据生长的设计理念，在有限用地范围内，四星级酒店中一个几乎贯通基地的巨大内庭共享形成震撼的尺度，表现现代建筑的特性，从中有机地生长出一定体量的“功能盒”，随着空间发展、延伸，在“功能盒”内具体空间功能也发生着变化。

主要技术经济指标 Technological Specification

建设地点：天津市河西区
主要用途：1 300套客房酒店
总用地面积：85 000m^2
总建筑面积：197 000m^2
核心建筑层数：22层
核心建筑总高度：86m
设计时间：2004年

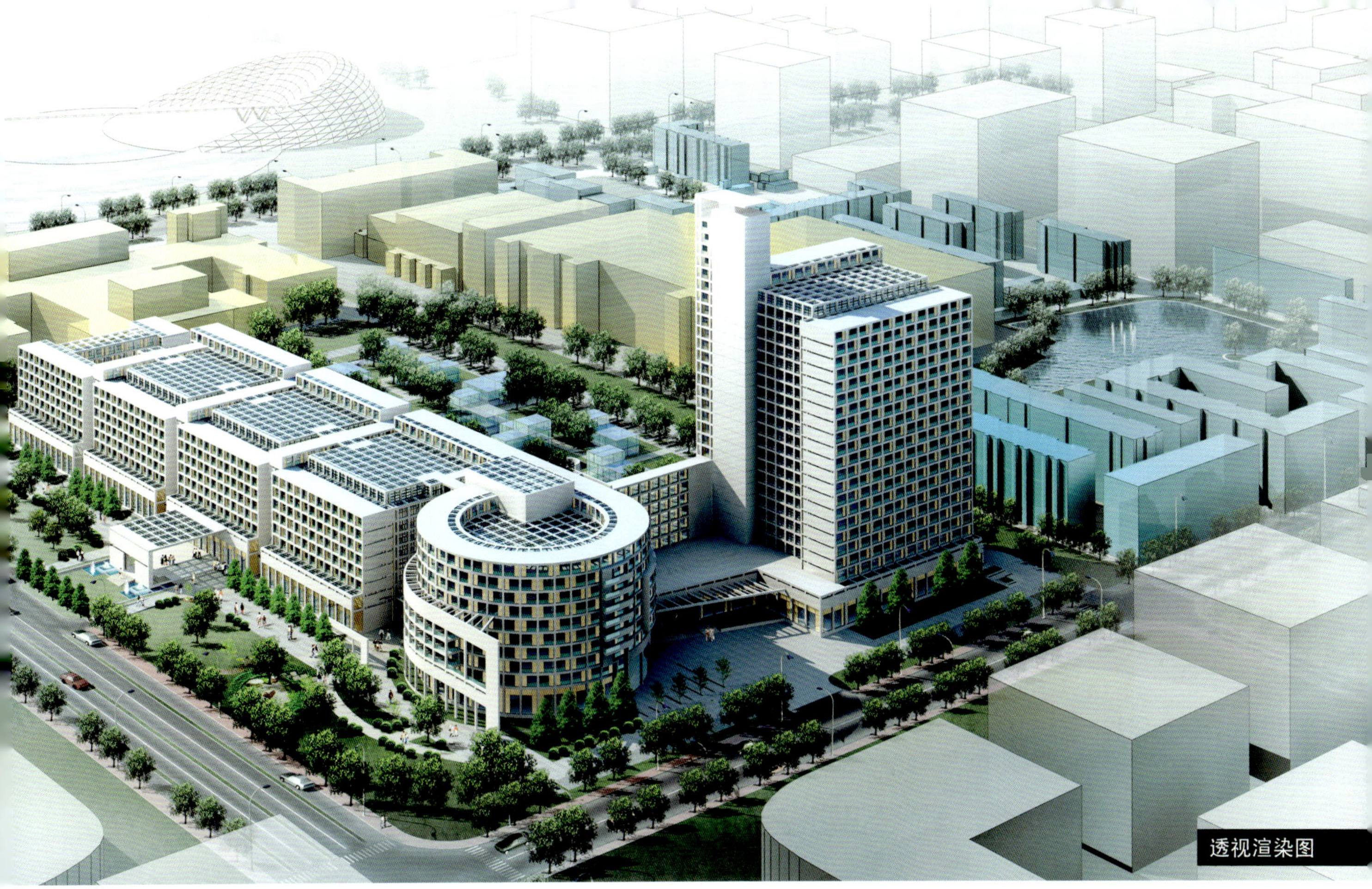

透视渲染图

宾水道
四星级宾馆入口
地下车库出口
四星级宾馆
超五星级宾馆入口
超五星级宾馆
大礼堂
友谊路
宾馆温泉公寓
新建展馆
天津国际经济贸易展览中心
天津津利华大酒店

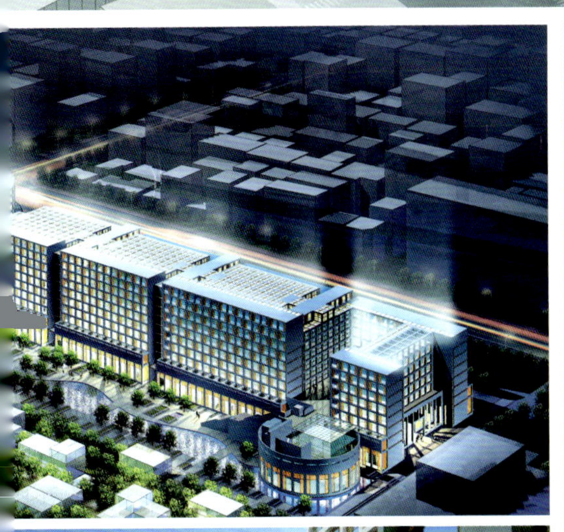

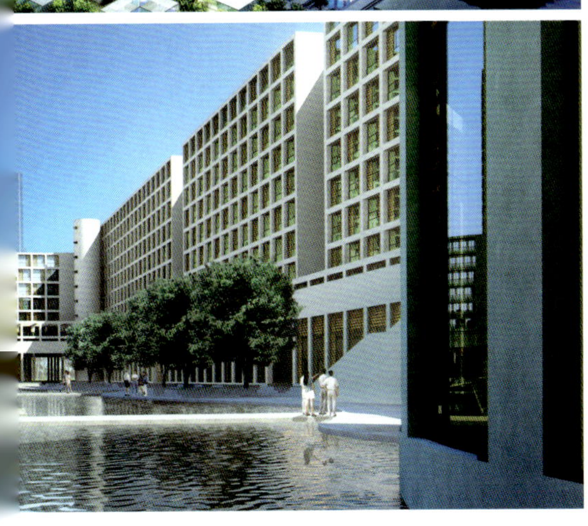

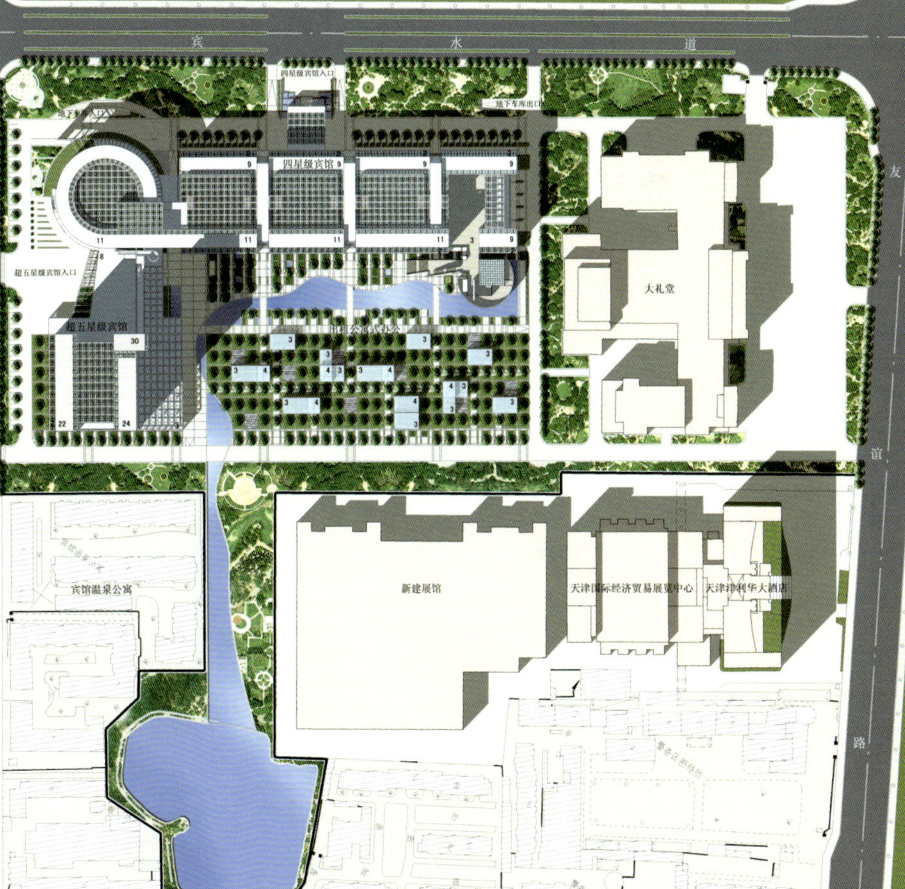

冀东油田勘探开发研究中心方案

建筑设计理念 Philosophy of Architectural Design

塔

本项目采用钢结构形式建造。充分利用钢构件细腻、挺拔、现代的材料特性营造建筑个性。结合主体高层东侧交通核设置会议室，每三层为一组，间隔设置空中花园，纵向生长，形成高塔，直插天际。隐喻海上钻井平台的高塔。

台

本项目辅楼部分呈“L”形布置，长短边分别为3~4层穿插布局。3层部分局部出挑结合主楼形成了“平台”的概念。隐喻海上钻井平台基座。

水

本方案拟引用“自然融入”的理念，通过周围简洁低平静静的水面衬托出建筑本身极强的雕塑感，强调现代庄重的建筑性格，同时隐喻钻井平台的海面。

主要技术经济指标 Technological Specification

建设地点：唐山市

主要用途：办公楼

总用地面积：14 000m²

总建筑面积：51 700m²

核心建筑层数：25层

核心建筑总高度：98m

设计时间：2005年

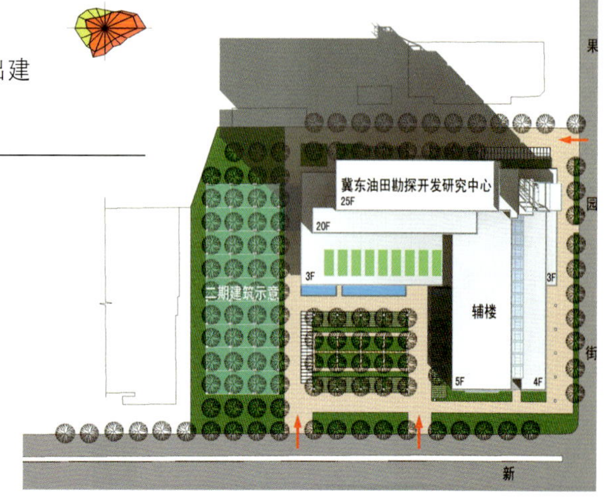

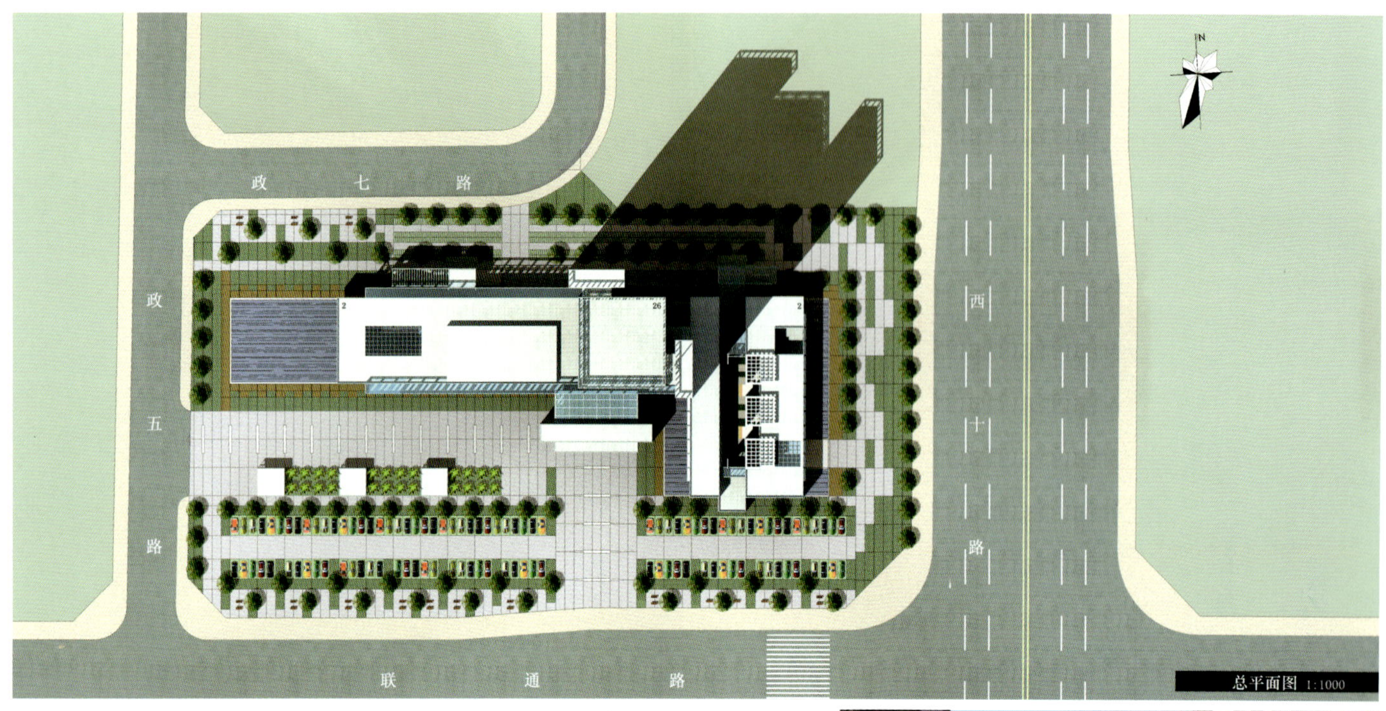

总平面图 1:1000

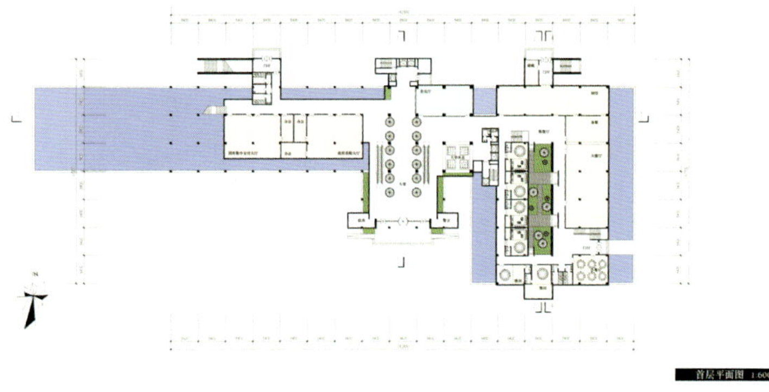
首层平面图 1:600

淄博财政局办公楼

建筑设计理念　Philosophy of Architectural Design

1. 在本项目中，我们拟采用现代的建筑符号玻璃幕墙形成新建建筑。同时，增加建筑技术含量，突出建筑生态、节能和可持续发展，以期对新城区的建设提供技术和形象的引导。

2. 本项目造型采用现代、刚挺的几何造型以包容繁杂的功能，而通透完整的建筑自身环境，使建筑空间本身既不失简洁庄重又丰富多变，同时对城市环境不会产生太大的压力。

主要技术经济指标　Technological Specification

建设地点：　淄博市新城区
主要用途：　办公楼
总用地面积：　31 000m^2
总建筑面积：　30 000m^2
核心建筑层数：　26层
核心建筑总高度：　97m
设计时间：　2005年

方案一

方案二

海河金融公园成果

建筑设计理念 Philosophy of Architectural Design

三个方案的建筑群体组合均带有向东站广场方向的倾斜，以寻求呼应。

方案一：形象隐喻的“竹”——“宁可食无肉，不可居无竹”竹作为一种特殊的质体，已渗透到中华民族物质和精神生活的方方面面， 竹自古象征着向上和朝气，本方案的纵向弧形体每10层设转换层，通过立面细节处理形成竹节并有韵律地向上收缩、组合、生长，象征着城市未来的蓬勃与发展。

方案二：“雨后春笋”——本方案的5栋高层的建筑形式刻意求得统一，高层交通核外移以石材形成实体，虚实穿插对比，高低错落。整个金融中心如雨后春笋般在天津这块沃土中迅速成长。

“完整空间”——现代金融办公的定位要求建筑空间相对完整，交通核的外移打破传统高层核大肉薄的缺点，可以提供宽大完整的开敞办公空间。

“多功能纵向分流”——现代超高层建筑往往由于巨大的体量会提出多种不同功能的使用要求，本方案把交通核分置与主体外侧，实现不同功能分设入口，实现多功能纵向的分流。

方案三：“环抱的眼睛”——本方案靠近解放北路的三栋高层造型贴近新古典主义，尽量和原有的保护建筑寻求一些氛围上的关系。延河一侧高低双塔按照河流曲线自然弯曲与对面建筑形成围合的城市空间。中心裙房大厅为梭形形体，仿似环抱的眼睛憧憬着未来。

围合的广场以自然曲线导引向东站方向，寻求关系。

主要技术经济指标 Technological Specification

总用地面积：	方案一 13.6万m^2	方案二 13.6万m^2	方案三 13.6万m^2
总建筑面积：	53万m^2	51.7万m^2	52.5万m^2
设计时间：	2007年	2007年	2007年

方案三

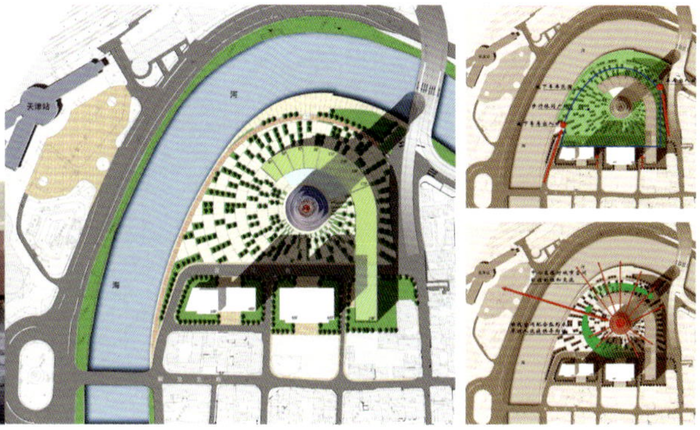

方案一

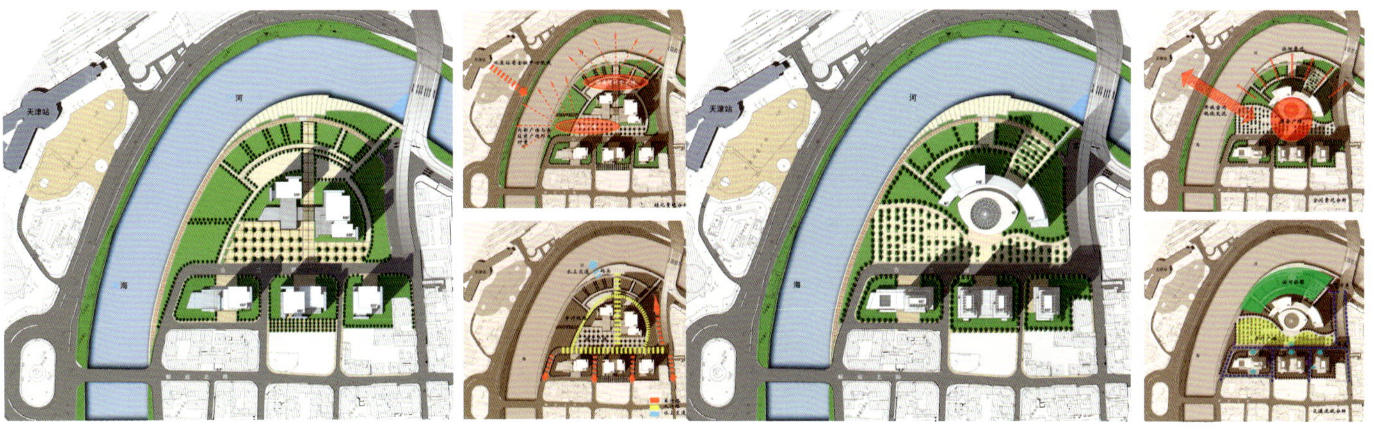

方案二

方案三

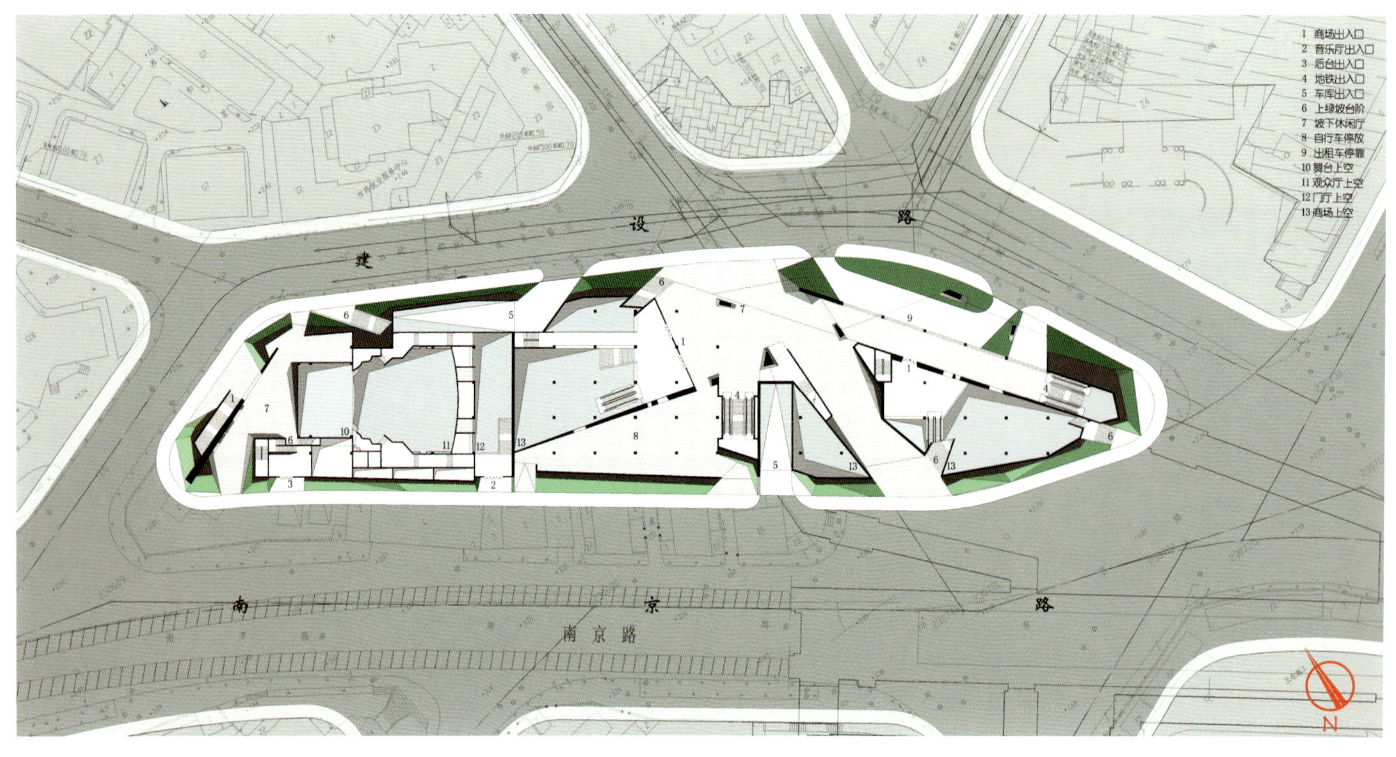

小白楼音乐厅方案设计

建筑设计理念 Philosophy of Architectural Design

音乐如水，善能拟水；音乐如气，善能状气；水、气皆不定形而流动之，音乐亦然。方案群体的每一部分都有其特定的坡度和朝向（分别有自己对灌溉、培育和与本类其他品种的不同需要），整个景观获得了一种破碎的秩序和维度，是一种来自不规则性和破碎性的和谐。三角形网格体系的运用使景观环境得到了组织，并解决了方案复杂的需求问题。

界定地段的几条大路以及周围的建筑使这个地段很难再有发展。原先这里的公共空间，为人们提供一个活动场地和公园。

主要技术经济指标 Technological Specification

建设地点： 天津市小白楼地区
主要用途： 音乐厅，休闲广场，商场
总用地面积： 9 366m^2
总建筑面积： 30 000m^2
核心建筑层数： 2层
核心建筑总高度： 13m
设计时间： 2004年

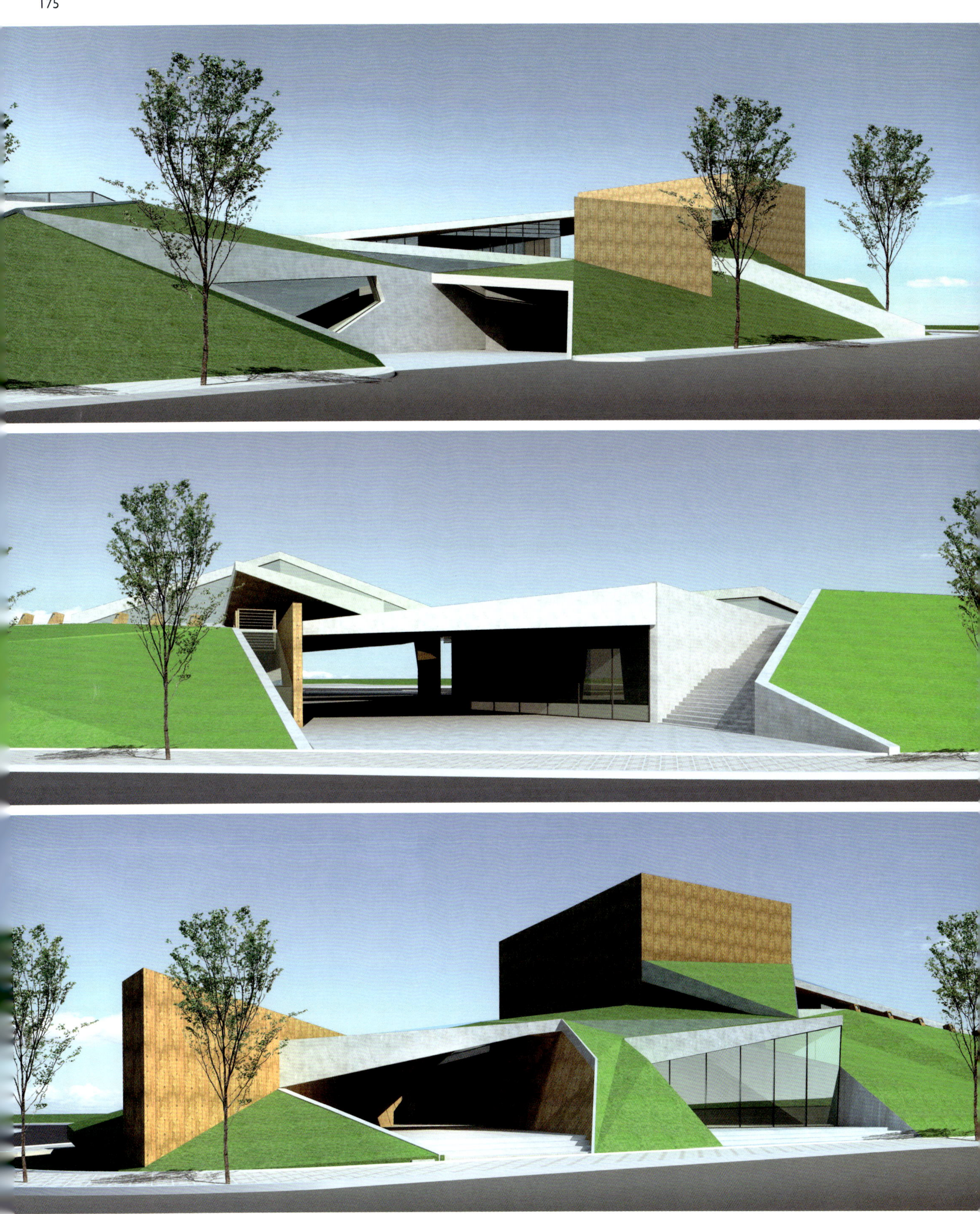

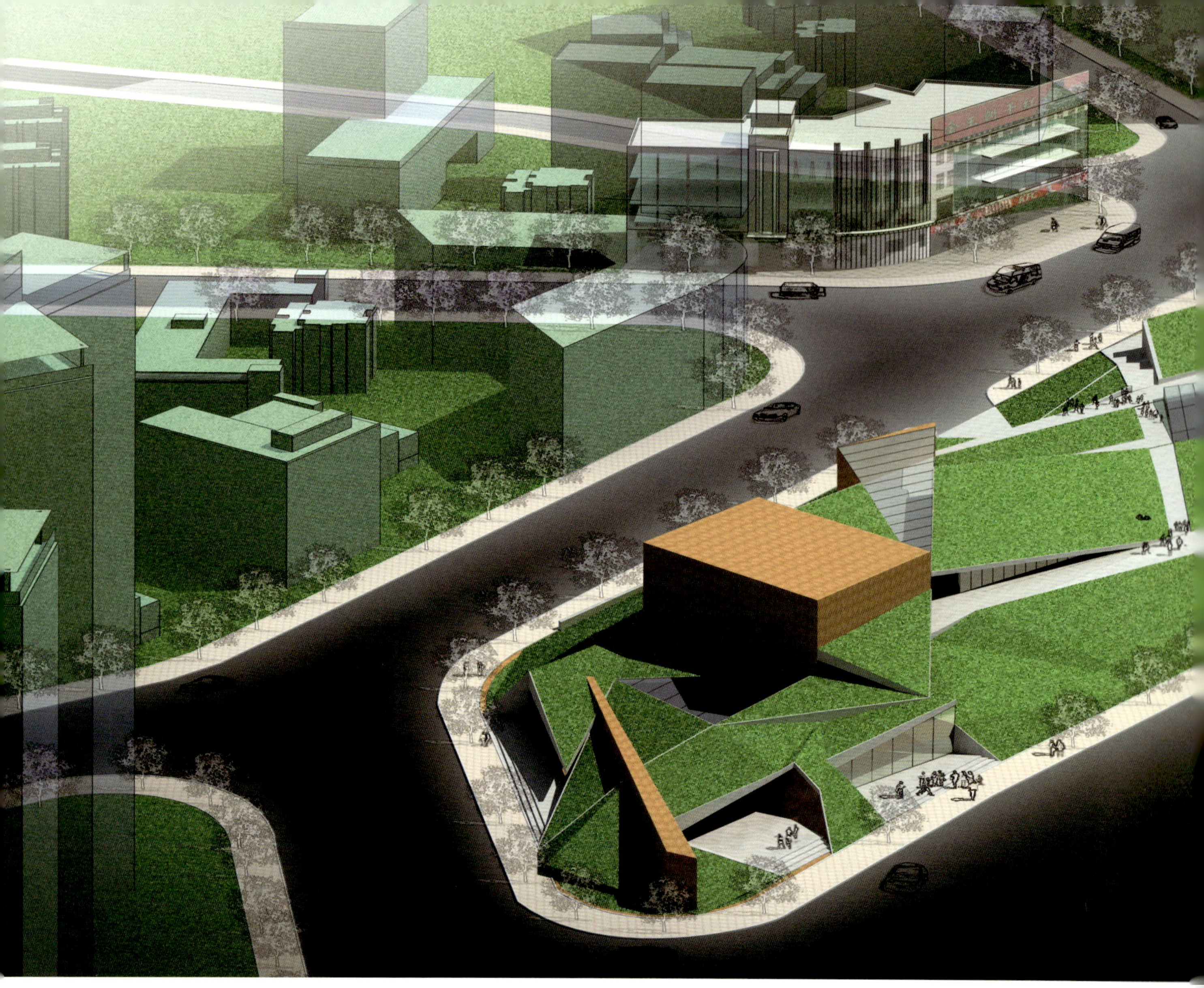

李焕然
Li Huanran

1997年毕业于哈尔滨建筑大学
建筑学专业
同年任职于天津市建筑设计院
2008年成立TA工作室

义乌游泳馆

建筑设计理念 Philosophy of Architectural Design

义乌市会展体育中心会展、体育场、体育馆已然建成，游泳馆用地位于街角。分析现状：会展、体育场、体育馆均为两个形体呼应，或对称或分主次。游泳馆设计首先考虑圆形，协调整体；同时，圆形划分两个形体相呼应，依功能分设比赛和训练、戏水，观众人流组织到建筑中部，更好地利用顶部采光，优化室内空间感受。

主要技术经济指标 Technological Specification

建设地点：　浙江省义乌市
主要用途：　游泳馆
总用地面积：　53 630m^2
总建筑面积：　32 125m^2
核心建筑层数：　1层
核心建筑总高度：　33m
设计时间：　2003年

总平面图
1:1500

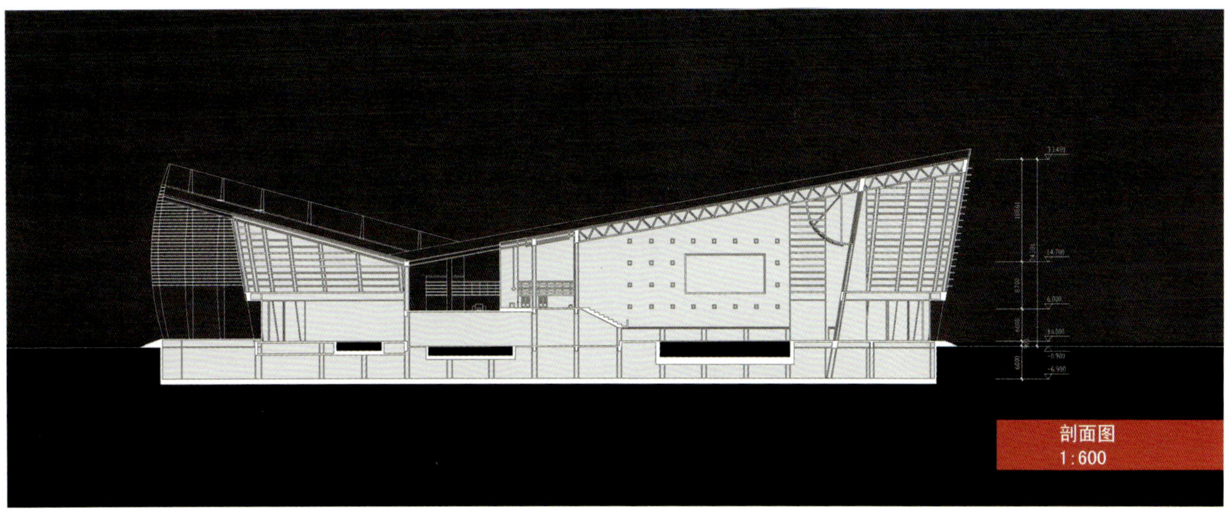

剖面图
1:600

夜景透视图

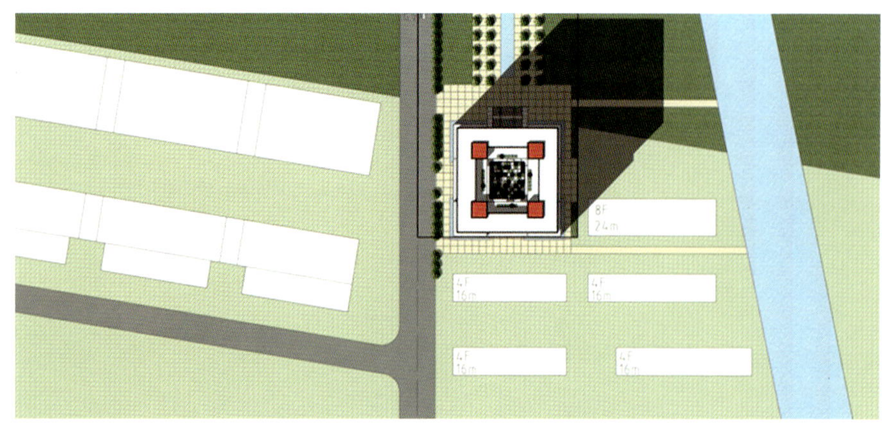

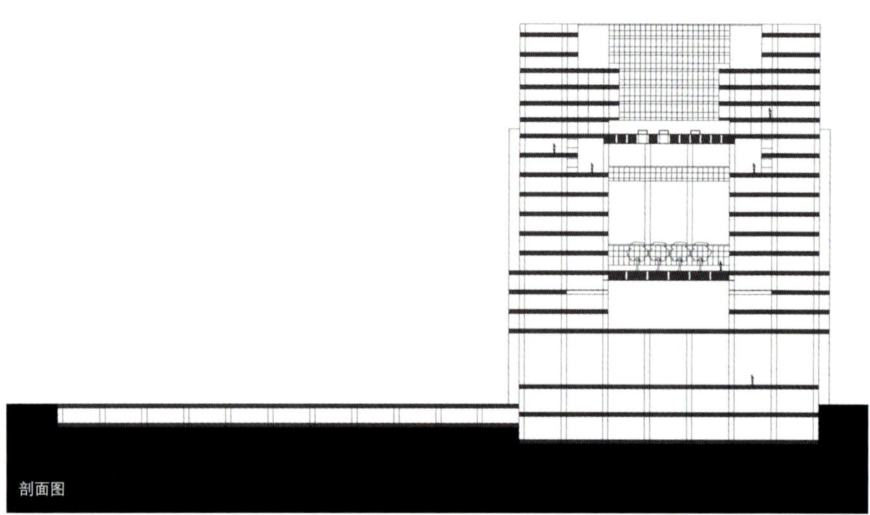
剖面图

天津滨海新区钢铁贸易大厦

建筑设计理念 Philosophy of Architectural Design

本项目位于军粮城津塘公路旁，功能复杂，用地狭小。项目主题“定鼎之城”。突出“城”的概念：顶部酒店围合内庭院，形成空中之城，共享自然；中部办公区形成封闭共享空间，城中之城；下部交易大厅、报告厅、餐饮服务等集中建筑内部，解决结构问题。建筑主体造型统一，突出津塘公路及轻轨线景观效果，同时四面交通解决各种人流分流。

主要技术经济指标 Technological Specification

建设地点：东丽区军粮城

主要用途：钢铁交易、办公、酒店

总用地面积：15 180.14m^2

总建筑面积：61 518m^2

核心建筑层数：18层

核心建筑总高度：70m

设计时间：2009年

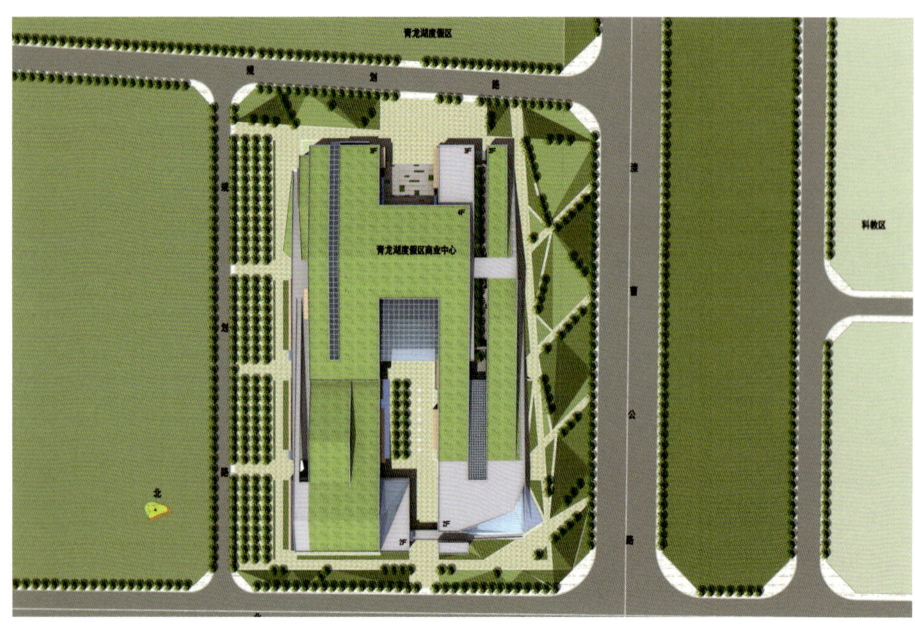

曹妃甸生态城青龙湖度假区商业中心

建筑设计理念 Philosophy of Architectural Design

如何在解决建筑问题的同时保护地段的景观，从生态学角度看，土地开发也许是导致自然环境退化的主要原因。如何创造一种建筑模式，使其尽可能多样化，在最小的空间内再现一定的传统模式，同时还建筑于自然。

方案设计物化了一种发展理论，但却不是严格照办的，而是添加在大地上，以编织一张空间和道路景观网。本方案错落起伏的绿坡屋面使景观环境得到了组织，建筑充分融于环境；植被、绿化主要集中于屋面，增加建筑热惰性，消除盐碱土质对于植被的影响，并解决了方案复杂的需求问题。

作为以餐饮为主的公共商业空间，功能性的使用空间被进一步扩展：内街、外街、庭院、阶梯广场、屋顶绿化公园，为人们提供多样化的活动场地和空间感受。

主要技术经济指标 Technological Specification

建设地点：　河北省唐山市曹妃甸生态城青龙湖度假区
主要用途：　餐饮、商业
总用地面积：　115 900m^2
总建筑面积：　58 600m^2
核心建筑层数：　18层
核心建筑总高度：　4m
设计时间：　2009年

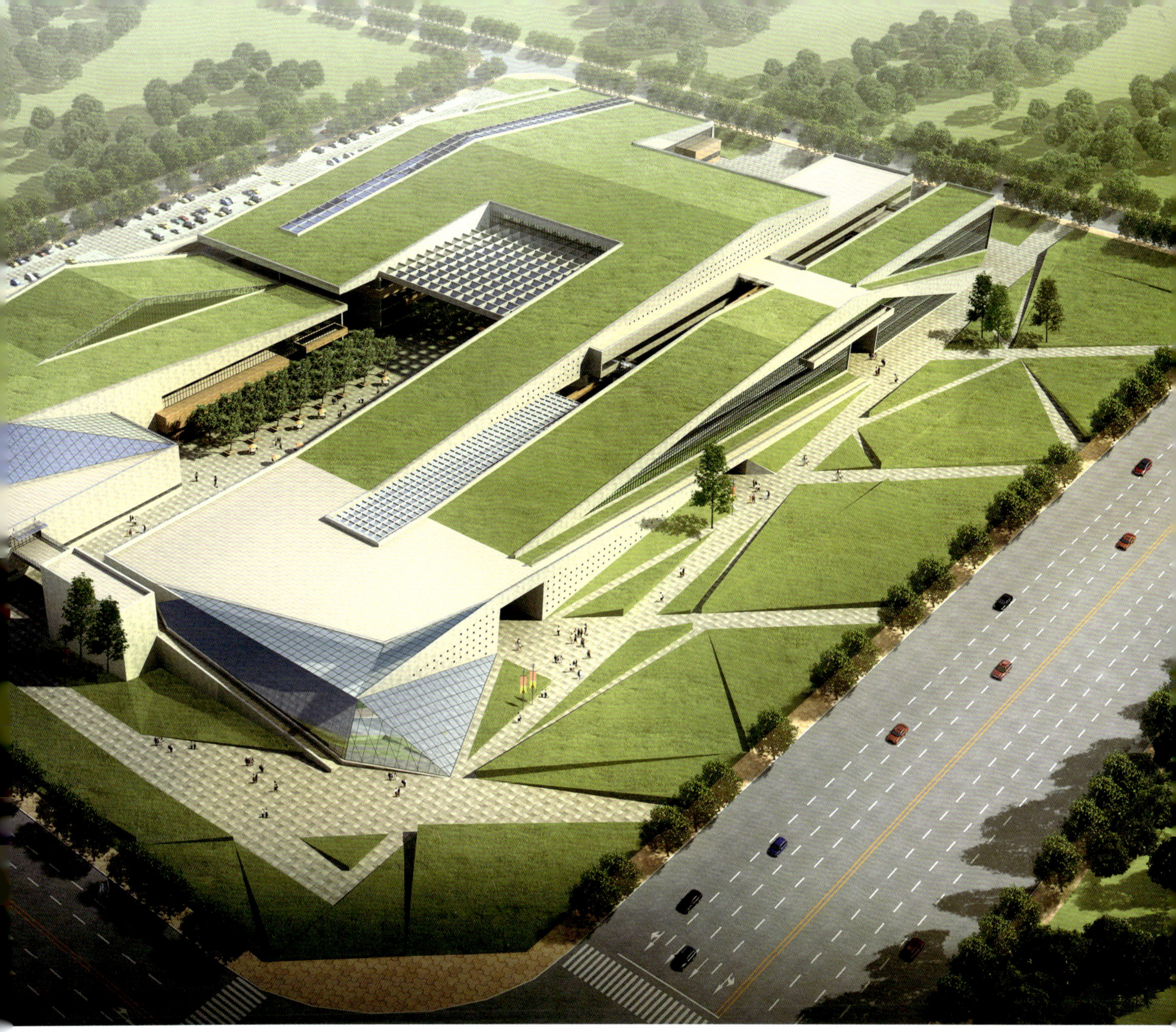

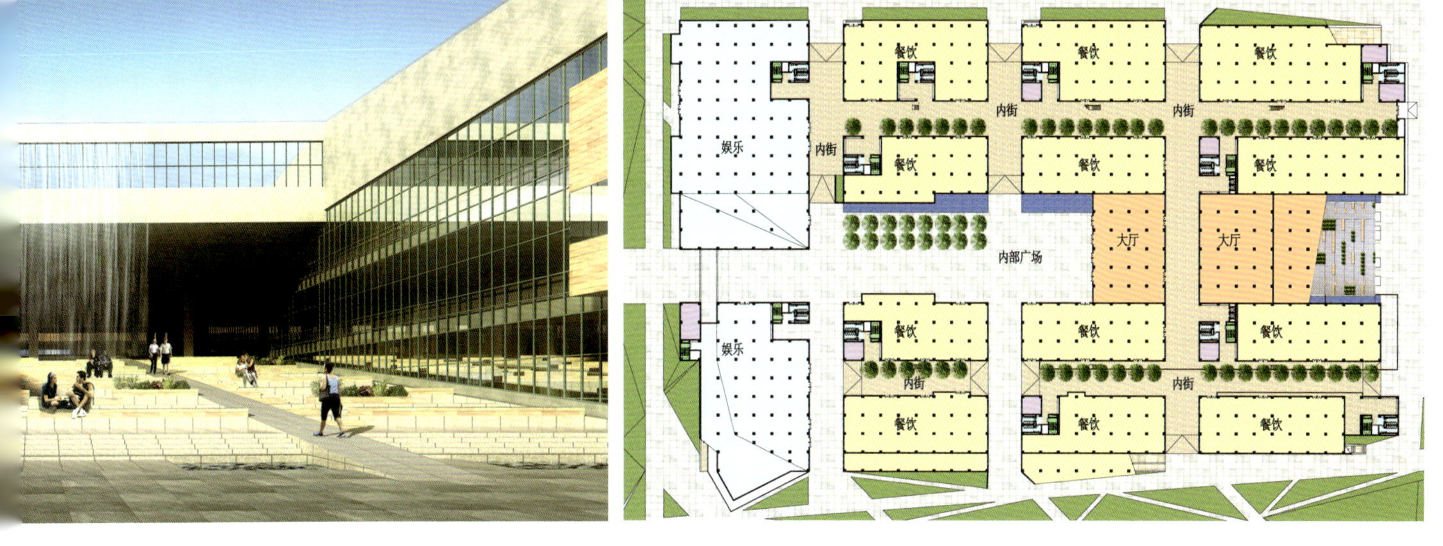

餐饮
餐饮
餐饮
内街
内街
娱乐
内街
餐饮
餐饮
餐饮
大厅
大厅
内部广场
娱乐
餐饮
餐饮
餐饮
内街
内街
餐饮
餐饮
餐饮

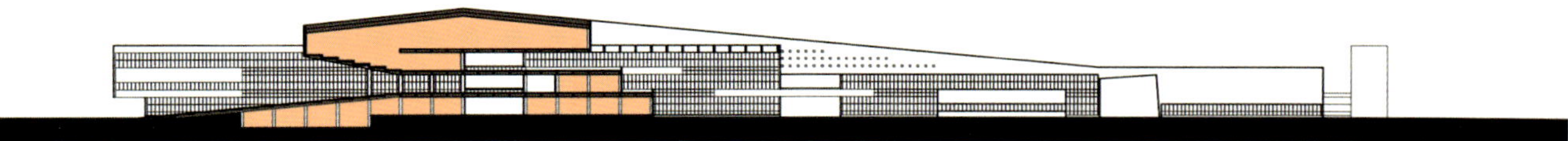

剖面图

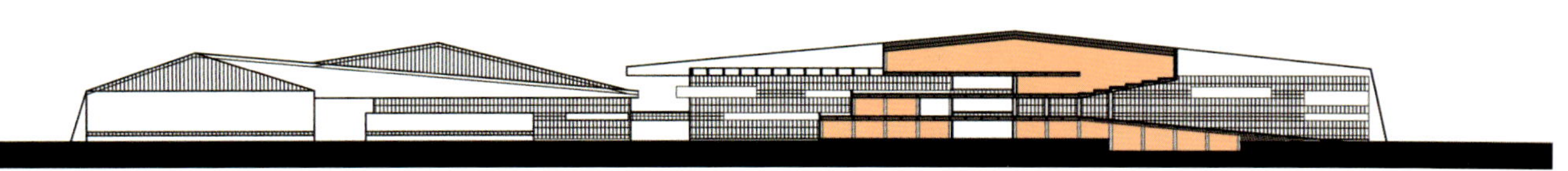

剖面图

西立面图

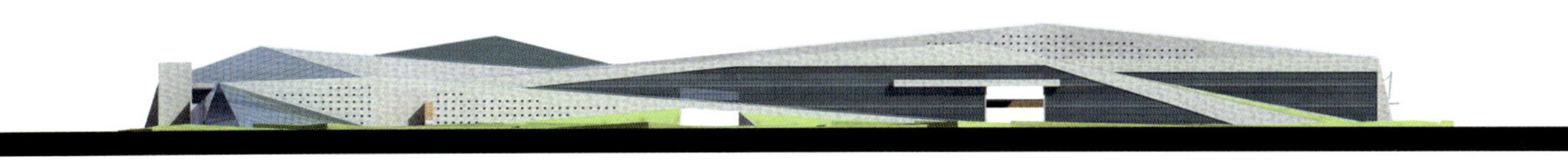

东立面图

宋晓龙

Song Xiaolong

2000年毕业于天津市城市建设学院建筑学专业

天津市建筑设计院TA建筑工作室 建筑师

工艺美术学院地块设计策划

建筑设计理念 Philosophy of Architectural Design

由于该地块周边多为艺术相关内容的学校，故在设计之初将其地块的

teckwah
CHANEL
LANCOME
CHRISTIAN DIOR

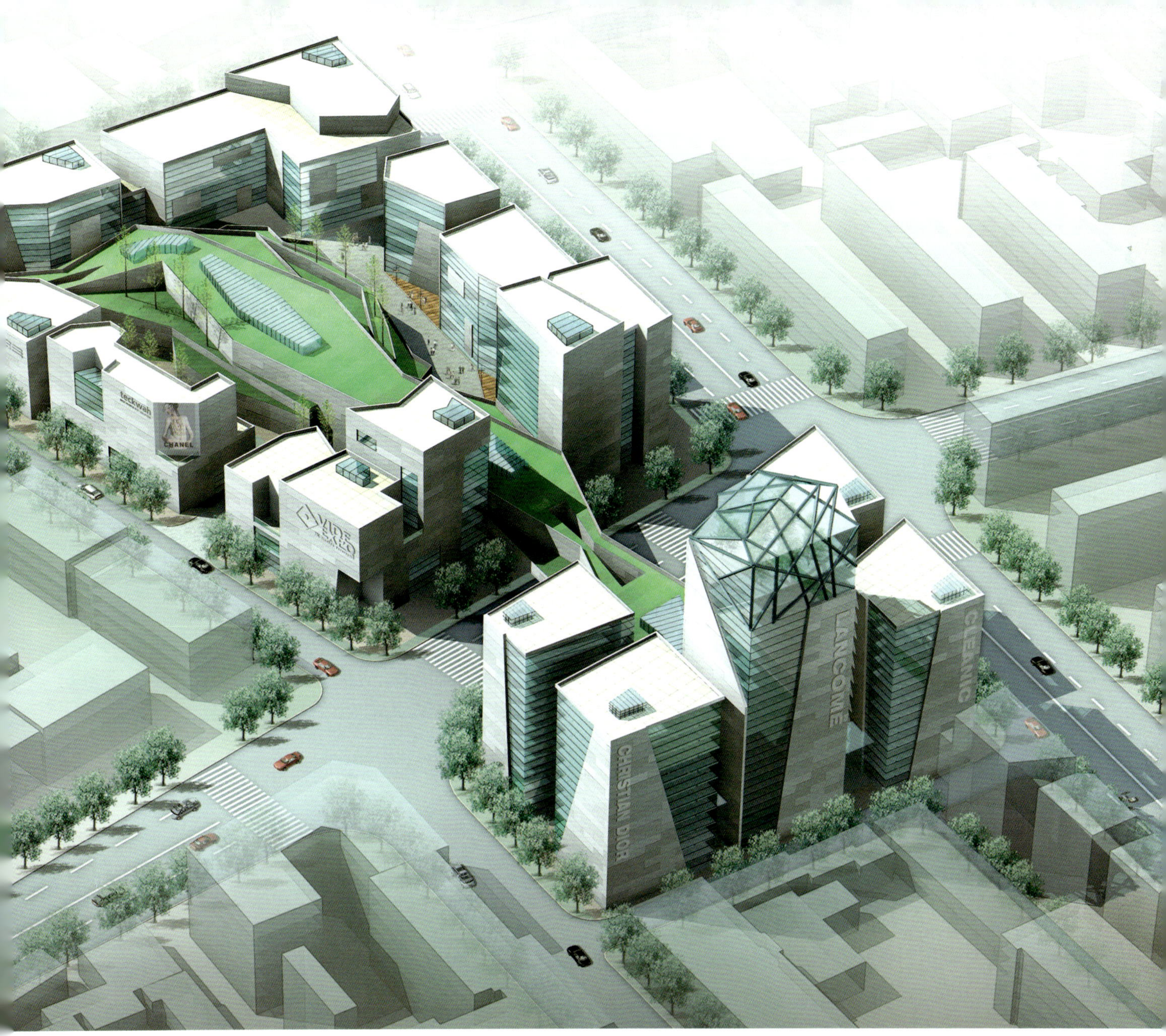

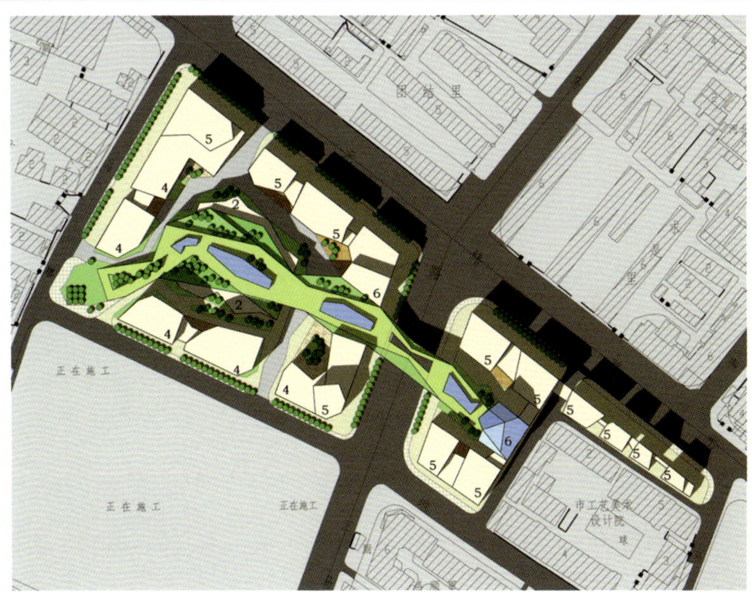

团结里
正在施工
正在施工
正在施工
市工艺美术
设计院

克拉玛依文化体育中心

建筑设计理念 Philosophy of Architectural Design

体育中心选择在克拉玛依河以南新区，位于已建成的综合游泳馆以南的世纪大道南侧，迎宾路西侧，高尔夫球场以北预留的长方形场地内，初步测算体育中心用地面积大约49.7hm^2。

将世纪大道以南高尔夫球场以北的用地作为文化中心建设场址，布置集科技博物馆、大剧院、音乐厅、文化馆、图书馆、青少年活动厅为一体的建筑群，形成城市文化中心。

人文：贯穿基地的中轴线象征着人文主题，整条轴线向整个园区开放，可以到达各个功能区和景点。宽阔的步行广场结合绿化、雕塑、小品的布置服务于所有人，成为本区的脊梁。体现人文气息和“以人为本”的设计理念。

绿色：中轴线两侧的大量绿化树木，围绕博物馆的圆形叠水，建筑错落造型象征大自然的气息，充满绿色植物和绿化小品的环境，结合建筑近人尺度的高低片墙形成的自然空间象征着绿色主题。

主要技术经济指标 Technological Specification

建设地点： 新疆克拉玛依

总用地面积： 77.7hm^2

总建筑面积： 193 370m^2

核心建筑层数： 5层

核心建筑总高度： 23.8m

设计时间： 2007年

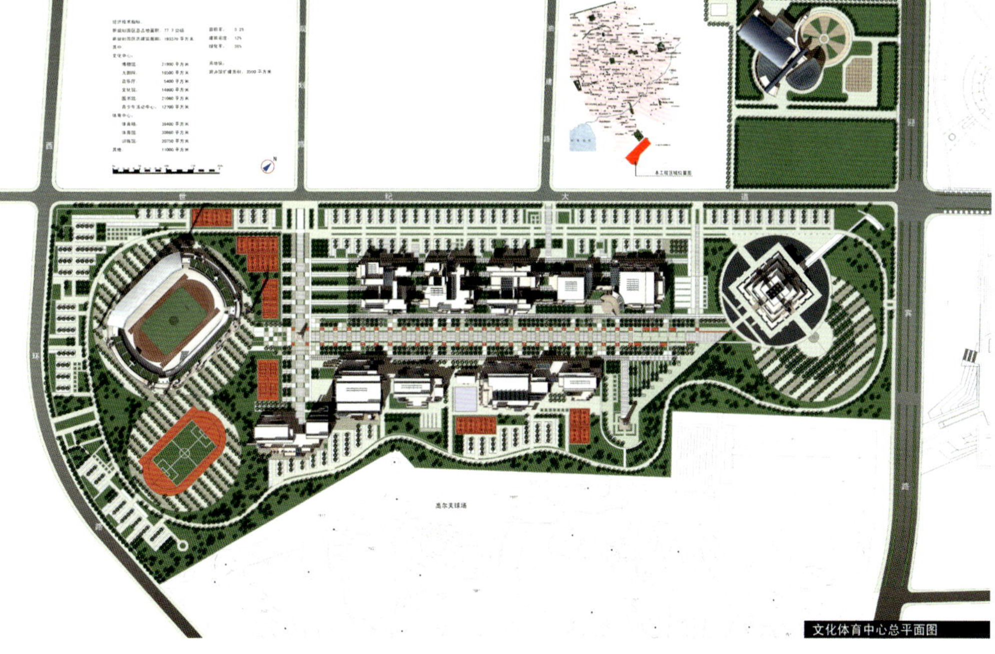

文化体育中心总平面图

新疆泽普小学

建筑设计理念 Philosophy of Architectural Design

小学设置24个教学班，总计1 200人，设计包括教学楼、办公楼、体育馆、食堂、学生宿舍、标准300m田径场及足球场、篮球场、排球场等设施。校区的主入口设置在南侧的规划路上，引导主要人流；东侧设置生活区的辅助入口，满足学生的日常出行和食堂送运货物的需要。教学区布置在基地南侧，其中包括教学楼、办公楼等重要设施。基地北侧设置为生活区，包括学生宿舍和食堂。教学区和生活区用一块中心绿地南北隔开，独立自成一体，有效降低了相互之间的干扰。校园内的交通组织很好地实现了人车分流，二者互不干扰，同时兼顾了校园内的景观。机动车停车场沿两个主入口分别布置，以满足员工停车、接送学生、对外经营停车等不同需求。同时尽量避免机动车进入校区内部，做到动静分离。本方案在基地中央处设置一块绿化广场，有效地将教学区与生活区分隔开，而且位于生活区和教学区之间，在学生们每日的必经之路上营造出良好的绿化景观。本方案的建筑单体层次丰富，颜色多样，极富趣味性，很好地迎合了小学生天真、童趣的心理。

主要技术经济指标 Technological Specification

建设地点： 新疆省泽普县

总用地面积： 65 500m^2

总建筑面积： 26 800m^2

核心建筑层数： 6层

核心建筑总高度： 23.6m

设计时间： 2009年

建院联合工作室

津南区双港镇河畔星城安置住宅区三期

创意中心办公楼

津南区双港镇河畔星城安置住宅区三期

依据城市经济文化的发展，人们生活方式的进步的需求，我们力求创造这样一个居住社区：

（1）利用自然条件，创造一个全新的社区生活环境，营造适宜人生活居住的家园。

（2）创造合理的构架，将良好的视觉效果、完善的功能统一起来，讲求高品位的艺术社区。

（3）提供生动的活动空间，在方便邻里关系的同时，兼顾生活的私密性。

（4）解决好城市道路与本规划区内部交通的关系，同时根据规划区内部地块功能的变化，配备必要的交通“场、站、点”设施，形成安全、便捷、流畅的内外部交通环境。

（5）尽可能利用现状管线，不断完善市政基础设施；工程管线布局合理，有利于施工。

（6）主要建筑材料承重构建采用钢筋混凝土，填充墙体采用加气混凝土砌块，防水材料采用合成高分子卷材防水；外保温采用聚苯板，外门窗采用塑钢中空玻璃门窗；环境保护主要是采用节能、节水、无污染、隔声、减震、无辐射等一系列措施；竖向设计小区内道路最低点标高大于市政规划路标高0.150m，相当于大沽高程（2008年）3.15m，建筑单体室内±0.000相当于大沽高程（2008年）3.60m，室内外高差为0.450m。

创意中心办公楼

基地位于天津市津南区咸水沽镇海河工业区内。规划总用地面积约6.88hm^2，其中规划可用地面积约4.55hm^2。地上总建筑面积148 400m^2，地下总建筑面积29 200m^2。

该项目为5栋高层（裙房）建筑，高层部分为办公服务功能，裙房部分为商场卖场、综合商业等商业功能。在设计过程中，通过不同的功能来划分不同的体量形式，并达到完美的统一。

本用地的主要功能为商业和办公，通过设计，我们采用商业人流和办公人流分离，人流与车流分区相结合的交通流线设计来组织人流和车流，做到办公和商业互不干扰，人、车分离的方式组织基地内的交通流线，提高了地块的价值和用地效率。

在综合商业部分设置了绿化场地，使绿地、店铺得到了高度的协调和统一，并在创意中心办公楼内设置了内庭院以及绿化景观，让人们在工作、休闲之余可以享受到自然的气息。基地北侧紧邻城市的绿化景观带，使我们把眼光从红线内扩展到周边的环境中，将城市绿地纳入设计的视野和范畴，形成了人工景观、自然景观交融的全新模式，建筑单体融于绿色之中，体现了建筑回归自然的中心思想。

加尚工作室

天津梅江国际会展中心二期

招商 · 雍华府

天津梅江国际会展中心二期

天津梅江国际会展中心二期工程紧邻一期项目，范围东至外环辅道，南至回川路，西至规划路三，北至江湾路，总建筑面积为28.23万m^2，是一期工程的近三倍。二期工程建筑造型如张开双翼的飞燕，由三大部分组成。中央部位共三层，最高45m，设计用途为会议办公 餐饮娱乐 部分小型展厅及相关配套l两翼为双层结构，共4个展厅，展厅净高38m，首层展厅高度为15.6m，每个厅设有标准展位660个。展览区面积共计达到7.19万m^2，相关配套服务更加完善。二期工程设有地下停车场，可容纳1 300辆机动车的存放，将缓解大型展会时的停车压力。二期建筑以浅色基调为主，与梅江地区建筑环境总体风格一致。

招商·雍华府

地块处于城市重点地段。规划创造合理构架，将良好的视觉效果、完备的功能统一起来，最大可能地利用现状及周边资源来营造文化、生态小区。

本案的用地性质为居住用地，业态包括大型Loft、高层住宅、洋房，是河东区全市高端“精致豪宅”项目，项目位置优越，目标消费群客户定位为超精英一代，喜欢享受自由奢华生活。

建筑师用特定的手法，通过空间的组合利用，建造豪华大堂，奢华功能空间，营造国际公寓、商务办公、顶级商业时尚与优雅背后的温暖与感动。

在总平面布局上，项目着重强调与环境较融为一体，以居住的环境舒适度为主导。项目功能分布相对集中，以高层住宅和洋房为主，通过道路的合理设计，实现两者间的合理分区，减少互相干扰。既创造出空间的开放性与参与性，也为小区内每一户居民提供了良好而开阔的景观视野。

招商·雍华府的建筑外立面设计以古典的建筑元素演绎高雅精致的都市静谧生活。采用了新古典主义的Art Deco风格，建筑立面的材质以材质配合外墙涂料，显得华丽而不失庄重。立面强调简洁而精致的细部，建筑高度力求起伏变化，创造了富有韵律的天际线。

规划总平面图 1:500

博城工作室

中新天津生态城国家动漫产业综合示范园修建性详细规划

南京高淳县商贸城

中新天津生态城国家动漫产业综合示范园修建性详细规划

中新天津生态城国家动漫产业综合示范园位处于“中新天津生态城”起步区北侧，在空间布局上充分考虑动漫产业及从业人员的特性，建设具有环保、生态、阳光、私密、生活、愉悦等硬件空间，建筑外形设计充分突出动漫产业特点，主题明确鲜明。动漫园功能分区包括主楼、研发孵化区、智能衍生品区、传媒大学、六星级酒店、高档公寓及办公区、创意编剧策划区。

南京高淳县商贸城

在该规划中项目规划构思、空间布局、创新与特色运用了美国著名的城市规划大师凯文•林奇在其《城市意象》中提出的著名的景观原则，通过路径（Path）、区域（District）、边缘（Edge）和地标（Node）、区域（Landmark）等元素形成结构完整、特色鲜明的城市景观设计架构，从宏观到微观各个方面都集中凸现出“水廊·新韵”的设计理念。

规划充分利用现状优势条件，有针对性地提出“水廊·新韵”的核心设计理念。

以水系为绿色生态网络的核心，建构水廊骨架，展现人文与生态的水文化。同时也形成场地生长的轴线，轴线贯穿、延伸至各功能区形成生态、商业与人文休闲的整体景观。水面作为城市用地与春东湖的过渡空间，给项目带来的景观效果和商业效益是不可估量的。由于水面的存在，项目增大了属于自身的滨湖水岸空间，并通过富于变化的湖畔步道将商业、娱乐、餐厅等设施连接在一起。环绕湖面的河畔步行街连接了水面两侧的传统模式的商业街和现代模式的商业中心，形成整个区域的焦点。现代化的商业空间、充满浪漫气氛与活力的零售精品店和室外小酌茶座被布置在从传统向现代过渡的城市环境中，高质量的水岸生活体验在这里得以实现。

规划挖掘和继承“水乡基因”、“城镇生活基因”，以高淳老街区肌理为基础形成人文环境特色。规划以“老街延续”为生长主旋律，采用增加新的渐变单元的方式，逐步更新城市空间结构，从而营造新高淳特色的城镇聚居环境，突出“历史交织、水系纵横、商贾云集、伴水而居”的江南人文情怀。在项目规划中考虑原有的历史街区空间形态以及传统生活形态的保留和过渡，采用了由传统逐渐向现代过渡的各具特色的居住街坊，从城市肌理上塑造一个循序渐进的城市空间形态，从淳溪老街开始，以“原”、“坊”、“巷”、“新”等四种形态形成传统与现代的过渡和交融。“原”区为建筑尺度最小的城市街区，与老街的结构保持一致，完全延续了老街的城市和生活形态。“坊”区建筑尺度稍大，城市肌理与老街保持近似，延续老街里坊的生活形态，同时增添了现代城市生活要素。“巷”区建筑尺度更大一些，城市肌理与近现代形成的城市结构相近似，延续了街巷式的生活形态，拥有相当比例的现代生活要素。“新”区建筑尺度最大，城市肌理与现代城市完全融合，呈现出现代的生活形态。

亚库工作室

渤海银行总部办公楼

中粮六纬路项目

天津空港物流加工区商业中心项目方案

天津商业大学主教学楼方案

廊坊新奥商业中心

天津圣光皇冠假日酒店方案

魅力天津商业建筑方案

水西庄公园策划方案

嘉里秦皇岛项目概念性规划设计

北京市东城区某会所方案

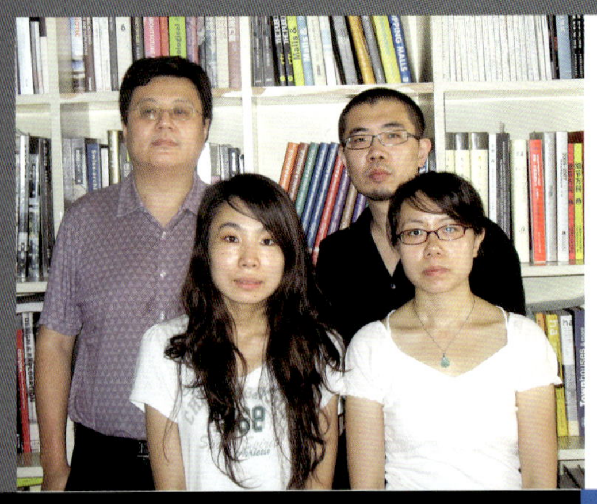

渤海银行总部办公楼

渤海银行总部项目位于天津市河东区南站CBD区域内，本项目为第一家总部位于天津的全国性商业银行——渤海银行总部。地上总建筑面积125 400m^2，地下总建筑面积35 600m^2。功能配置包含两栋超高层写字楼，两栋多层办公建筑和商业空间，整体定位为高档办公和商业城市综合体。

由于受到海河沿岸建筑高度不能超过35m的限制，将三栋高度为33m的办公建筑平行于海河走向布置在基地西侧；高度为150m的写字楼沿六纬路布置，高度为200m的写字楼沿六经路布置，写字楼之间为商业空间，这种布置方式使两栋超高层写字楼都能获得朝向海河的景观视线，同时200m高度的主写字楼与北部的天津站和南侧的嘉里中心相呼应。

建筑造型采用新古典主义设计风格，以竖向线条为主，使建筑体量挺拔迥异、简洁大方、建筑形象与标志性建筑性格和气质相适合，并与海河西岸的津湾广场的建筑风格和谐统一。建筑外檐以石材为主，以暖色系浅色调为主色彩，高贵而不奢华，华丽而不俗气。

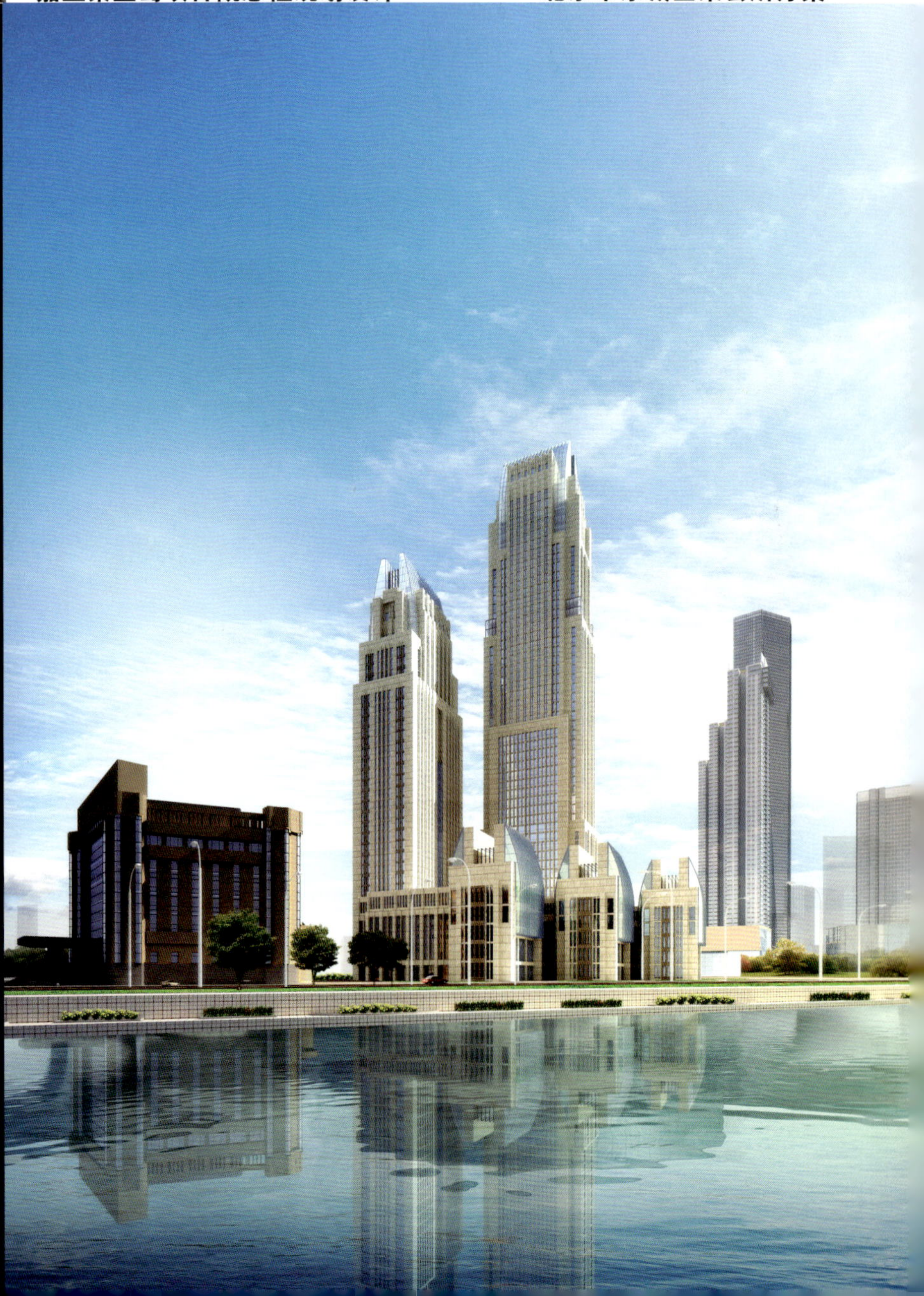

天津空港物流加工区商业中心项目方案

天津空港物流加工区商业中心项目基地位于空港加工区航空路和西十一道交口处，项目总建筑面积13 988.9m^2，主体4层，局部5层，框架结构形式。建筑沿航空路长边采取折线设计，尽量将沿街展开面伸展到最大程度，同时在用地西部设计有一条内街式的商业走廊，扩展经营性服务设施的沿街面。

基地东南部位于航空路和西十一道交口处，本建筑在设计上采取由一层至五层层层退台的手法，形成一个良好的街角视野倾角，同时可以将退台形成的空间进行景观绿化布置，与地面绿化形成在有限的用地环境中的立体景观空间效果。

建筑整体造型风格简洁、明快，结合矩形地形沿街面采用折线设计手法和模块式设计，与整个区域的以工业建筑为主导的建筑环境氛围相协调，同时也有利于未来在其他区域的系列化建设。

廊坊新奥商业中心

廊坊新奥商业中心位于廊坊市新建的文化中心区之内，地上总建筑面积约12万m^2，业态组合包括商业、休闲娱乐、主题精品酒店和办公。

本工程是一个区别于传统零售业商业综合体项目。商业业态以小型零售店铺和中型次主力店为主干， 没有传统意义上的大型主力店概念；同时商业零售与休闲娱乐两部分所占比例接近。建筑设计围绕全新的业态规划理念和所处区域的文化属性及良好的景观环境，提出“开放的主题商业公园”概念，创造注重于景观环境对话交融和公共交往的空间布局模式，颠覆传统商业街概念，通过保留区域内原有的绿植布局结合动线设计进行体验式情景商业规划设计，全面提升以零售店铺为主体的商业综合体的形象与品质。

魅力天津商业建筑方案

本项目为地上28层，地下3层，总建筑面积62 186m²。地面6层为大型综合商业设施，总建筑面积为28 918m²；7至28层部分为3栋高层塔楼建筑，总建筑面积为33 268m²；地下总建筑面积20 046m²。

设计特色

1.“峡谷”理念：在竖向设计上结合甲方层层退台的要求，引入“ 峡谷”理念。商业设施内层层楼板挖空成不同的不规则的洞口，叠加形成变幻，错落的共享空间，打破一贯的一通到底的筒形共享空间，好似一条张开的巨大的峡谷般的裂缝，层层退台，上空用不规则的晶格变化赋予该裂缝自然天成的意义。“峡谷”理念与主入口设计相结合，一方面为商业设施增加生动和新奇，刺激消费者的消费欲望。另一方面可以使消费者在每层停留过程中都享受到不同的景观，增加上部空间的商业价值。

2.“瀑布”理念：高层塔楼建筑不是三个孤立存在的盒子，三个独立的个体通过楼宇之间的对话寻找到一种“舞动中的和谐”，彼此形成联系，独特的体型，干净利落的外立面更给人以“行云流水”的特别感觉。

3.“叶脉”理念：在商业内部流线设计上为实现楼面商业价值最大化引入“叶脉”理念。如果把一个商业设施比喻为一棵大树，那么人流就是这棵大树需要汲取的养分，而叶脉的作用就是把养分输送到大树的每一个末端，使大树的每一个部分都能够均衡发展。在流线设计上打破传统商业流线的简单环线设计，代之以叶脉式的发散组织，由主脉贯穿始终，使流线长度达到最大，尽最大可能使顾客停留更多时间，光顾更多店铺。

嘉里秦皇岛项目概念性规划设计

嘉里秦皇岛金梦海湾2#、3#地块住宅项目位于秦皇岛海港区河北大街西段，基地北临奥体中心，南临渤海，形状近似矩形。

观景视线优先原则的规划理念。我们将70%以上的高层住宅结合地形呈波浪规划布局，尽最大可能延展观景面，空间机理与大海获得对话，同时也使70%以上的住户获得无遮挡的一线全海景。

公共空间和服务设施的多元化布局。小区内设计有多种类型的公共空间和公共服务设施，这些场所分布在小区各个层次的空间中，从地面到地上形成多元、立体、连续的公共空间体系。这种体系的建立将各栋高层住宅联系起来，各栋高层住宅不再是“孤岛”，在城市居住空间不断被私有化的今天，我们希望通过这种方式来重新表达对“集体主义”的一种诉求。对公共空间重新定义与诠释，也是这项项目不同于周边楼盘的内涵之处。

交通体系高峰与平峰时的综合考虑。作为一个高品质的生活社区，我们希望能够结合地形地势将机动车停车问题全部在地下空间解决，社区内原则上不允许车辆通过，地面规划以景观和公共交往空间为主；在旅游高峰季节，考虑规划有临时的地面停车区，考虑部分车辆允许进入。

中粮六纬路项目

本项目位于天津市海河商业圈内，周边建筑以高层超高层公建为主，项目地上建筑面积约15万m^2，业态范围包含商业、精品酒店和高档公寓。设计特点：多元化业态垂直竖向分布；公寓层平面布局引入公共空间，提高居住品质，正南北布局，减少北户型。

高层塔楼的立面以玻璃为主结合石材。南向大玻璃落地窗既可以使每户获得良好的视野范围，又与以石材为主的商业立面形式虚实对比。商业立面考虑到将来广告位置的摆放和效果，以石材为主要材料，构成较为稳重的建筑外檐效果。

日景透视图

天津商业大学主教学楼方案

拟建中的天津商业大学主教学楼位于现校区的西南部，地面主体6层局部7层，地下1层，总建筑面积44 800m^2，地下建筑面积6 500m^2。主教学楼是一座大学的标志性建筑，我们选择以方形作为总平面构成的主要元素，教室布置在南北两侧，中间通过走廊等空间围合成一个通高的中庭花园，既通过引景、借景、造景使室内外景观互相渗透、结合，又形成具有一定存在感和视觉冲击力的体量，符合建筑的性质、定位。

两组教学楼被基地中部的礼仪广场分开，通过造型风格和外檐色彩、材质的统一，使两组建筑相互联系。

由于两组建筑的体量不同，没有设计成对称式，A座教学楼体量较大，东西两部分错落布置，形成一种流动的韵律，为庄重的教学建筑增添一丝活泼，同时也与弧形带状的基地地形完美结合。北侧亲水处设计一道弧线，暗合“曲水流觞”之意境。

方案一

方案二

天津圣光皇冠假日酒店方案

天津圣光皇冠假日酒店位于天津空港物流加工区门户区域，酒店为3～12层的五星级酒店，占地面积约为14 088m^2，地上建筑面积约为14 000m^2。建筑体形为五边形围合体，功能包含酒店及公寓两种功能。其中酒店部分为10层，沿水面展开，其立面设计以玻璃幕墙与铝板为主；公寓部分为12层，以铝板涂料和玻璃为主要材质。立面设计主要考虑以下几个因素：①和空港物流加工区的环境协调，②对沿湖面的景观贡献，③自身酒店和公寓两部分的协调。

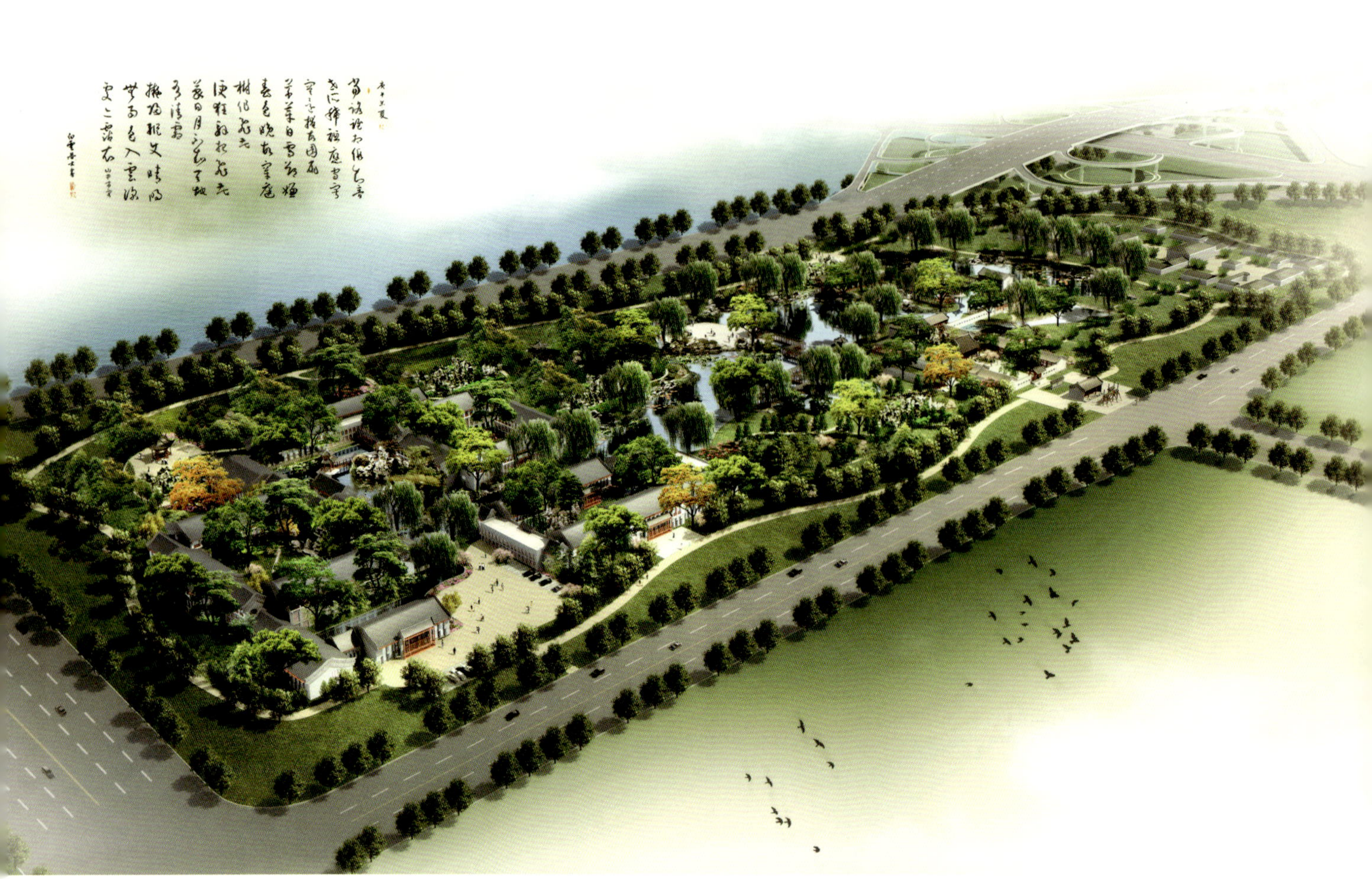

水西庄公园策划方案

水西庄始建于雍正元年（1732），雍正十三年（1736）规模已具。乾隆二十三年（1759）复在园之偏扩建一“介园”，乾隆慕名曾四次留住水西庄并挥笔赐名“芥园”，从此水西庄声誉更著。清人袁牧在《随园诗话》中将其称为清代三大私家园林之首。水西庄是一座集景式的单身宿舍型园林，这在中国园林史上时尤为罕见的，同时也是传说中大观园在现实生活中的唯一再现。重建水西庄，是对逝去的一段历史和一种文化的追忆与传承；为一座城市追寻与找回文化的根源和梦中的精神家园。重建要点在于着力刻画水的灵动与景色的映衬，尊重历史、合理布局、独具特色，按功能性区域划分为对公众开放的公园游览区和寺庙及有限度开放的会议酒店接待区两大部分。建筑向基地北侧聚拢，力求在南侧预留出大面积堆山造景的园林空间。

北京市东城区某会所方案

本项目位于东城区长安街，地处中国政治心脏地带，建筑形式采用充分体现中国文化“含蓄内敛”精神的四合院布局形式，以求得与周边环境氛围和谐。建筑外立面低调、质朴，内部空间丰富、细腻，体现一种“结庐在人境，心地自高远”的悠远意境。

匡形工作室

北京润泽庄园别墅区景观设计

天津泰达集团泰达城城市设

天津万科假日风景景观设计

天津武清区雍阳道城市设计

海南三亚鹿回头半岛总体规划设计

天津移动总部方案

唐山市地矿大厦、人寿唐山分公司、新合作大厦

北京润泽庄园别墅区景观设计

本案位于北京市朝阳区来广营乡清河营村。规划总用地面积170 000m^2，其中。景观面积约70 000m^2。建筑以联排为主，少量双拼及叠拼。

景观设计着重以景观语言表达时代特点，表达该项目所代表的群体化、聚合力和现代感，充分表达其特殊的地位和独特的视觉形象特征。重点处理入口区、中轴及公共景观林荫道，突出其精致与尊贵的感觉。私人空间以植栽衬托其家的亲切、温馨、回归的感觉。

在设计上我们将充分体现“对人尊重”的人本主义精神，突出表现“以人为本，人与空间共存”的概念，将有限的展示空间和无限的扩展空间相结合，将自然景观与人工景观空间相结合，使人文空间表现得层次分明。在种植设计上，我们利用植物丰富的形态营造出四季不同的景观效果。

天津万科假日风景景观设计

本案位于天津市西青区中北镇，西外环线以外，西面毗邻杨柳青镇，东距外环线1.5km。假日风景的二、三期景观用地65 000m^2，容积率1.31。建筑风格现代、简约，景观设计依附于“海子”的空间特质及生态原理的概念。“海子”的特性及“海子”间是不断地变化的，这种特性被运用到假日风景之中，是表达我们对不同空间在不同时间发生变化时所产生的多样性和敏感性的关注，因为人是生活在维度空间中的。

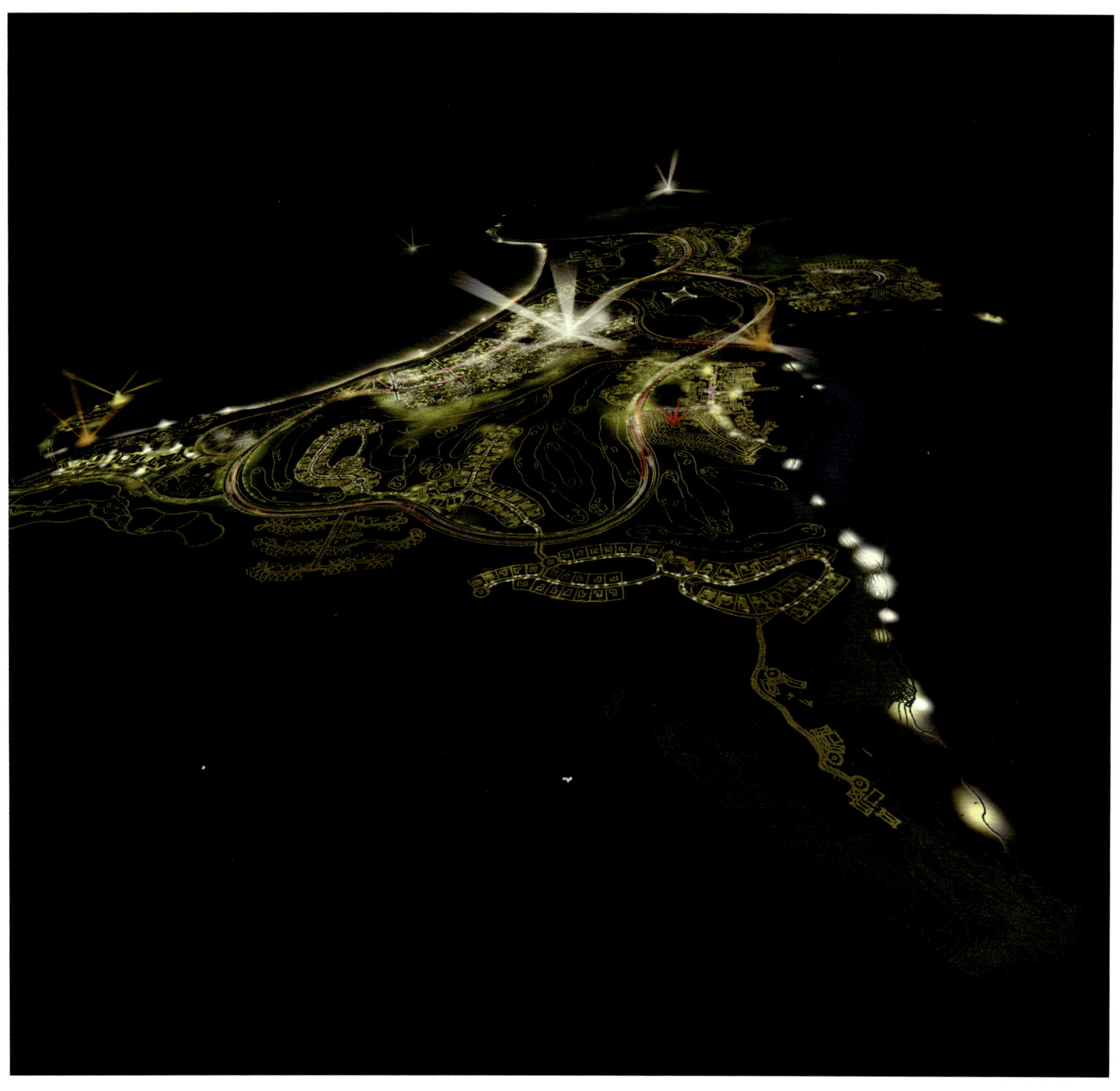

海南三亚鹿回头半岛总体规划设计

本方案位于海南省三亚市区正南端，距中心区约3km，整体规划建设区面积为5.21km 。该项目被规划成为具有度假、观光和高档居住功能为一体的综合性滨海旅游度假区。

规划目标是使其成为提高三亚整体旅游档次的亮点，成为中国旅游度假区中的品牌，提升其国际知名度，建设成为全中国乃至全世界最具风情的、最年轻化的、最时尚的亚热带旅游度假区。

规划理念在于塑造生态山水度假区环境；营造精彩空间与延续历史文化；综合片区的多重复合；半岛布局空间形态的意向强化。

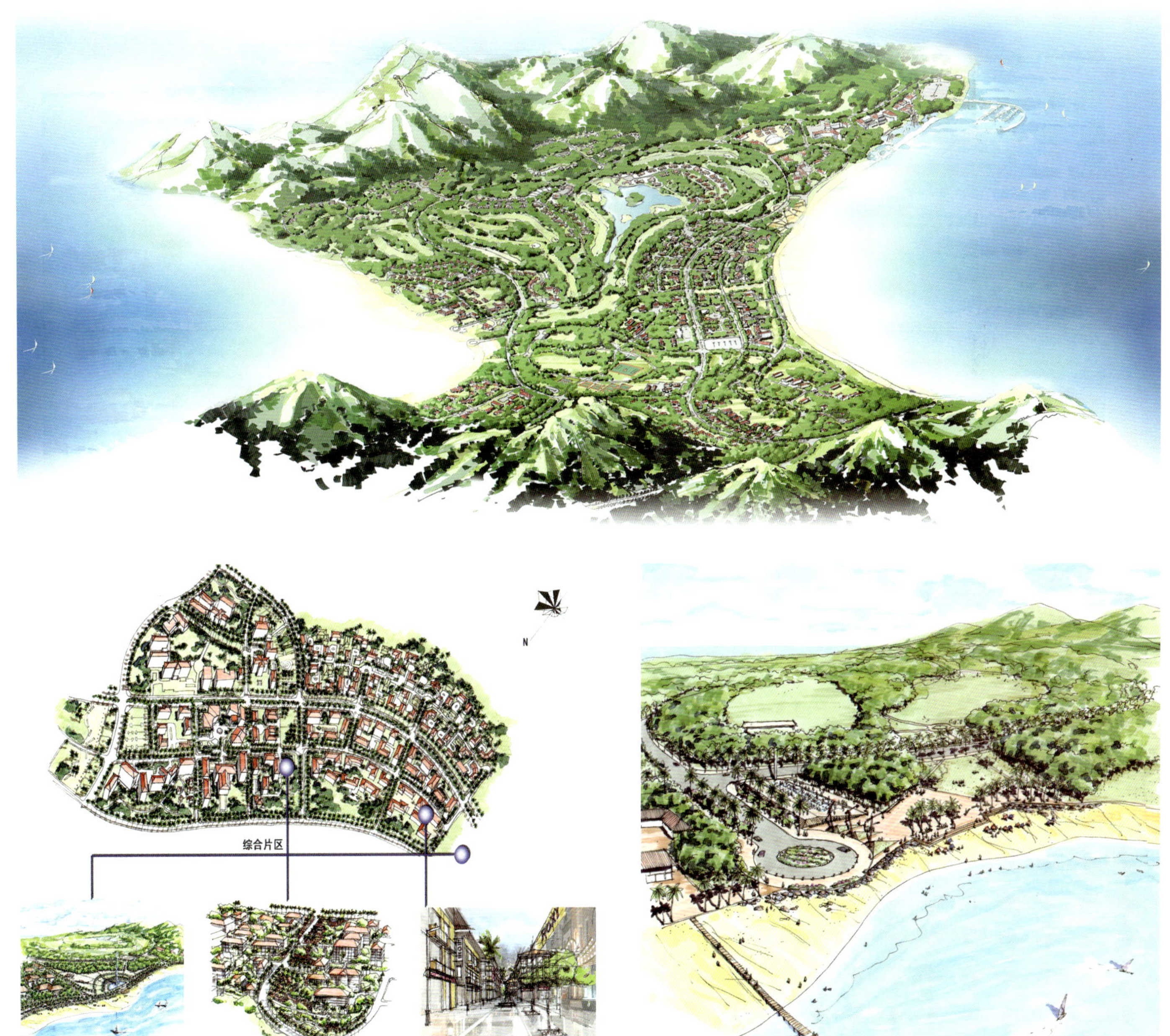
N
综合片区
滨海广场
中心广场
商业街

天津泰达集团泰达城城市设计

泰达城项目是海河开发的重点项目，也是天津城市中心赋予的龙头项目。泰达城地处天津市中心地带——三岔河口，是子牙河、南运河与海河的汇集处。从地理坐标上看，这个地方是天津的中心点；从历史发展来说，又是天津的发祥之地，是天津的水脉、文脉、人脉、商脉的起源。

泰达城总投资额超过70亿元，总建筑面积150万m^2。规划人口4万人左右，规划中的泰达城将结合海河的开发和治理，建设包括商业、旅游、购物、娱乐、休闲、写字楼和高档住宅在内的生活小区。

我们的规划理念是创造一系列的中心广场、步行街与河景呼应，展现城市每个历史阶段的特征，讲述天津城市成长的故事，同时强调该地块在天津无可比拟的独特性。

天津武清区雍阳道城市设计

雍阳道处于天津市武清新城核心位置，是武清区政府所在地，是武清新城集重要城市功能与生态景观于一体的城市形象大道。规划面积为5.23km^2，紧凑的开发模式所创造的浓郁都市氛围，使雍阳道形成一个政治、经济、生活功能的核心，随着建设规模的扩大，为未来城市中心提供了一个成熟的开发范例。

我们为作为形象大道及功能核心的雍阳道打造形象亮点、整合功能重点，结合生态主题，成为武清新城的——生态景观示范、宜居空间示范、公建形象示范。

雍阳道整体构思是根据功能划分构成三心一轴的结构形式，三心分别为金融商业的“繁荣”核心；行政办公的“和谐”核心；休闲商务的“效率”核心。一轴是沿雍阳道两侧各30m的绿化带。绿化带贯穿雍阳道始终，我们将结合公共空间的打造使绿化带成为城市形象的突出代表。

唐山市地矿大厦、人寿唐山分公司、新合作大厦

唐山市地矿大厦、人寿唐山分公司、新合作大厦项目位于凤凰新城友谊路西侧、长虹道北侧，与唐山外环、机场快速路以及唐津高速、京沈高速联系非常便捷，该区域为凤凰新城总部基地所在地，为完善唐山城市功能起着重要的作用。

设计理念

1. 共融性——建筑与城市的融合：唐山市与凤凰新城的城市机理均采用棋盘式的布局，在本方案的设计上，我们力求创作出与城市融为一体的建筑方案，因此也将方格网作为最基本的设计元素，体现在建筑平面、立面及环境景观等各个层面中。

2. 系统性——统一中求变化，规整中出活跃：三栋建筑用统一的建筑语言来完成建筑延街立面，保证了延街界面的完整性与连续性，在建筑的局部再加以个性化修饰，同时活跃整个建筑氛围。

3. 生态性——整体优化设计节能降耗：根据唐山市的自然气候特征，方案采取了适宜于北方寒冷地区的节能设计方案，通过建筑的整体优化设计，有效降低建筑的使用能耗，改善建筑物室内的热环境与空气质量。

天津移动总部方案

本方案是集办公、生产、客服、招待等功能于一体的现代化办公新区。地块近似矩形，总用地面积3.4万m^2，总建筑面积约7.8万m^2。

设计师着重处理标准层平面和立面，使之有尽可能大的观景面，同时又使其自身成为沿中心大道的一道靓丽的风景。充分考虑办公楼的室外小环境，将绿化、庭院、照明等元素与建筑统一起来，以提高商务办公楼的整体档次。结合中国传统和现实的国情，我们特别把朝向和自然通风作为设计的首要原则，这是尊重中国天人合一，崇尚自然的营造传统，同时也提高了办公环境的舒适度并节省运营成本。其次，地块濒临高尔夫球场，因此景观也是我们着重考虑的基本原则。而沿中心大道的主立面也获得了尽可能长的观景面。基于这两大原则和基地的形状，整个方案的建筑设计与环境布置便有了统一清晰的脉络，并由此衍生出本方案的一系列特色。

飞梵工作室

师大新校区体育中心
天津绿岛美食园
刚果奥仑布机场
国家海洋博物馆
蓟县海关办公楼及招待所
天津瑞湾国际商务中心
中科院微生物研究所
天津站后广场公交中心

师大新校区体育中心

本方案设计的立意在于体现运动之美。无论是泳者舒展的身姿，三分球从空中划过的优美弧线，还是排球即将落地被托起瞬间的激荡，无不展示了运动之美，其美，在于动感十足，在于曲线顺畅。本案将两个前后错动的体块并置，夹住中间的主入口，顶部的曲线变化犹如运动者伸展的身姿，优美而矫健。也给整个校园带来一抹青春活力，象征着大学生的朝气蓬勃，意气风发。

在面向运动场的一侧，平缓的草坡，悄悄爬上屋顶，一方面为建筑披上了节能外皮。夏季，植被屋面可以反射太阳光线，有效降低室内温度；冬季，可以在夜间有效保温，有效降低建筑能耗，体现“低碳建筑”的准则。另一方面，为同学们提供了课余观看比赛，休闲娱乐之所，增加了校园的趣味性。

天津绿岛美食园

“在追求‘高速高效’的人生道路上，人们更需要一个可以放缓脚步‘深呼吸’的世外桃源”，去缓解生存生活的压力，抽出更多时间放缓脚步去欣赏身边的美丽风景。“空气、水、绿色”的设计概念就由此提炼而出。

本方案旨在给人提供一个视觉上放松，心理上逾越的空间。利用其优越的绿地水源条件，结合周边功能基础，以三个形如“水滴”的覆土丘形建筑连接而成，追求绿色最大化，人们漫步在缓缓而上的屋顶绿地上，可以更好地呼吸新鲜空气，同时为了更多地呼应水面而设计游船码头及亲水平台，人们可以在绿茵流水间自由嬉戏，有种远离城市喧嚣回归大自然的享受。

刚果奥仑布机场

刚果人用棕榈纤维编织成又薄又软的席子做衣服，用粗而厚实的席子做房屋中的隔墙、门扉、栅栏等，也用席子铺地；还用棕榈纤维编织鱼网、鱼篓和各种精巧的筐篮。

本方案设计灵感就来自于刚果这一传统编织业，屋面以通风管道为基本骨架，以带形铝板模拟棕榈纤维交织编织而成，具有鲜明的本土特色。以带形“纤维”用走廊形式穿插连接候机楼、塔台等各项机场服务设施，登机口沿用管廊形式从候机楼延伸而出，建筑整体结构浑然一体。功能与结构的完美结合，使“编织”这一设计理念得到了淋漓尽致的发挥。

国家海洋博物馆

国家海洋博物馆的建设目的是让人们了解海洋文明、认识海洋资源、重塑海洋价值观，所以本方案设计挖掘海洋特色，以海洋中的霸主鲸鱼为立意，体现博物馆作为“文化地标”的地位。

鲸鱼——大自然的产物，虽然体型巨大，但流线协调、自然、美观，借鉴以建筑外形，恰到好处，本方案设计主体以鲸鱼的自然流线为主基调，部分区域采用折线，体现人在大自然中的作用，两者结合，实现“天人合一”的理念，运用现代技术，建筑外皮采用节能环保材料，展示地区的经济实力与文化特色。

整体建筑屹立于城市的海洋中，恰似待食的鲸鱼，威严醒目，展示了国家海洋博物馆真正的地标性。

蓟县海关办公楼及招待所

本方案设计的立意来自蓟县的地理环境特点——山，将竖向的板式高层（招待所）与横向的办公有机结合在一起，由于体量的不同自然形成建筑屋面的起伏，在建筑表皮的设计中采用幕墙加遮阳板的构造手法，在达到功能使用要求的同时形成构图中的“山”的等高线。

单体建筑设计：

本方案建筑分为10层的板式高层，3层的多层以及两部分建筑之间的连接体三个部分。分别是地块北侧的招待所，南侧的海关办公楼以及两组建筑之间的会议区和餐饮区。

总平面布局时，整个建筑坐北朝南面向宾河大街，由大型绿化广场衔接，采用中轴对称布局，形成南北通长的轴线，由此建筑立面也采用中轴对称，采用铝制幕墙与玻璃幕墙的材质对比，形成“门”字的立面构图。力求突出海关大楼的形象定位。

天津瑞湾国际商务中心

作为塘沽区标志性建筑物，两幢塔楼为33.6m见方，120m高的立方体通过切削、旋转构成。塔楼顶部为通高的空中花园，气势磅礴。在夜晚来临，空中花园光明璀璨，像灯塔照耀着海河，引领着来往船只。

20世纪以前，建筑被喻为“石头的史诗”、“凝固的音乐”，即建筑的外立面是不可改变的。但随着科技发展，21世纪的建筑已打破这一传统惯例。

整个建筑大量采用玻璃和金属结合的手法，在夜幕降临时整个建筑变为灯火通明的双塔，屹立在海河之滨，成为整个地区新的地标。

中科院微生物研究所

科研机构在人们心目中，必定如科学研究本身一样“严肃、严谨、严密”，我们也用严整的外围造型来表达这种理性的表情。但同时，我们相信，在任何科学的内部，都有着丰富、感性的内在世界，将这种内涵艺术地展示出来，是我们的课题。

想象我们整体的设计这些建筑，然后人为地将其拉开，就像拉开两块镶死的磁铁，中间所形成的“场”则是大型的绿化开放广场。这样，如同中国哲学的“固势利导”一样，整个广场的空间为这个“科学场”所控制，成为设计中积极的和正面的因素，这就是我们总体的设计构想。

这些建筑本身是科学家进行科研活动的载体，提供一个科学的氛围。同时，科学家的科研活动也被视为是一种行为艺术，是熏陶、影响学生和周边人群的重要因素。所以，我们将内部处理成透明的玻璃，一方面可以有效地利用自然完成，同时也是一个巨大的、可以透视整个建筑群内部活动的“窗”。

大体量的建筑给人一种宏伟、标志性的印象，同时也会带来类似内部空间组织、采光、通风等方面的问题。我们在利用共享空间，内庭院等建筑手法合理地解决这些问题的基础上，力求将各个功能区密切结合，形成大体量的建筑形式，其高度和体积感将成为地区的重点，中部的两组玻璃体成为社区的视觉中心。

天津站后广场公交中心

本方案的主要功能为大型交通枢纽，故合理地解决不同人流和车流，使其畅通及便捷，并互不交叉，是本次设计的主要任务。

方案用地面向天津后广场，紧邻城际站房。其景观位置十分重要。因此。采用建筑手法将大型车辆组织到建筑内，尽可能减少对城市景观的影响。

建筑本身需与城际站房相结合，既要有一定的标识性，又不能喧宾夺主。必须与城际站房相辅相成，共同构造后广场一侧的整体形象。

方案一：在设计过程中，我们将建筑首层处理为覆土建筑形式，用人工手段在后广场营造地势起伏的景观条件，为乘客提供优美生态的内外部环境。

二层部分，采用大量的玻璃及钢材等现代建筑材料，力求建筑简洁、通透、轻盈、富有动感。无论在白天还是夜晚，为建筑内部及外部使用者提供优质的视觉效果。

三、四层部分，覆土建筑与现代建筑结合，创造一个优美，新颖，富有张力的建筑形式。配合城际站房巨大、宏伟的建筑形式。在其一侧形成雕塑感极强的辅助建筑，使后广场一带的景观更为现代、灵动。

方案二：整个建筑采用流线型的设计手法，使建筑物显得轻盈舒展且流动性很强。体量间的穿插和高低错落使建筑层次丰富。实墙与玻璃窗形成虚实对比。柔和的弧形与刚性的线角形成强烈的对比，竖直方向的仿木百叶与水平条纹的金属波纹板在方向上形成反差，与实墙在色彩上形成鲜明对比，与城际站房遥相呼应，共同构造后广场一侧的整体形象。

筑土工作室

天津市西青区中北镇博物馆

天津移动空港物流加工区

王兰庄商贸城规划设计方案

天津北辰区泽天下居住小区售楼处

天津时代奥城酒店式公寓

天津市西青区中北镇博物馆

该项目位于西青区中北镇入口门户位置，南邻南运河，北临大型商业Mall,东临外环500m绿化带，西邻度假村和秀水北街。

中北镇为充分发挥所在地的民俗、文化特色，将借鉴国内外先进展馆的经验，拟建中北镇运河博物馆，并将其努力打造成集特殊演出、规划展览、宣传教育、交流研究、文化休闲、会议接见为一体，具有天津特色、国际领先的现代化多功能博物馆。

方案设计立意为一个部分在水中的建筑群落，群落中不同的方盒子空间有着不同的功能。它们聚集在一起，由一个环形展廊以及巨大的圆形屋顶统领，形成一个完整的空间集体，建筑内部有单体、坡道、广场等，就像一个丰富多彩、形式各样的小村落，在其中普通博物馆中常见的承力柱被建筑师巧妙地设计在不同的位置。建筑师基于建筑形体的考虑而采用了圆形，是为了促进人流顺利通过，使建筑和街道融为一体。圆形的玻璃外壁反射出天空、运河及周围的自然景观。建筑外立面的纹理设计具有强烈的流线型，同时还充分考虑了顶部照明和光庭（light-well）的亮度以及开放感。此外，夜间开馆和设有的各种风格的商店、餐馆能为参观者提供各种需要和服务，这是至今为止未曾有过的以“轻松”、“愉快”和“方便”为基本概念的当代博物馆。圆是随和的，然而把建筑设计成圆形，它的特征就呈现出多向性和开放性。由于运河博物馆的特殊位置，所以人们可以从任意一个方向进入馆内。

本项目方案引进国际先进的“Healing Architecture”设计理念，将主要功能和辅助功能设计在不同的空间体块内，并通过开放空间调节建筑内部的微气候。在节能方面，我们建立建筑三维模型模拟了全年冷热负荷用于设备选型和空调设计，可以对建筑的负荷特性有清晰地认识。其不仅采用主动节能的能源供给方式，且拥有高效节能的独立新风除湿系统。加之初期投资较少，运行成本低，建成后具有可观的投资回报。对于节能的可持续性研究，我们分别提出主动节能和被动节能两种方案，使之成为真正意义上的“绿色建筑”。

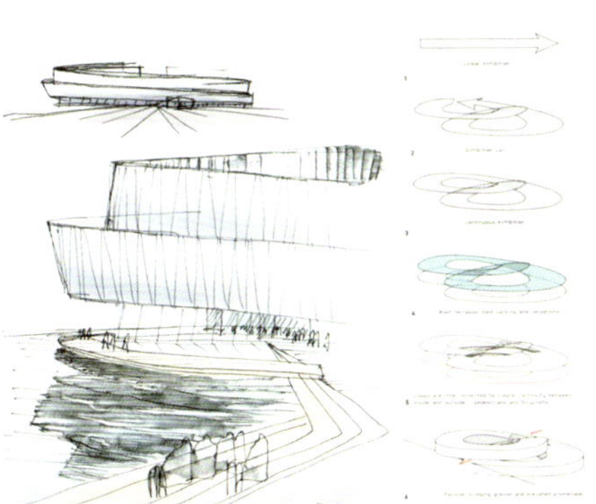

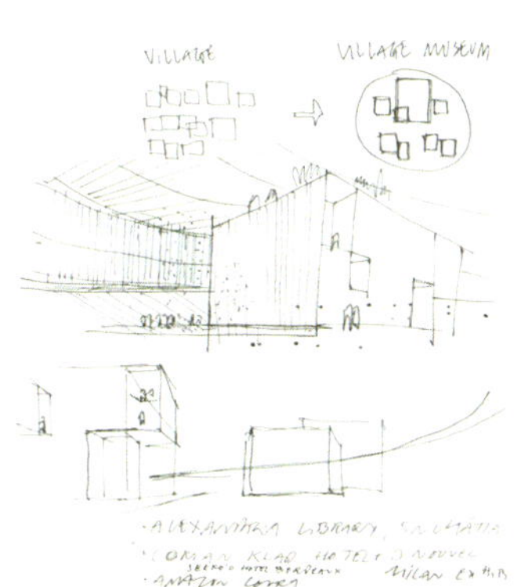
VILLAGE
VILLAGE MUSEUM
ALEXANDRIA LIBRARY

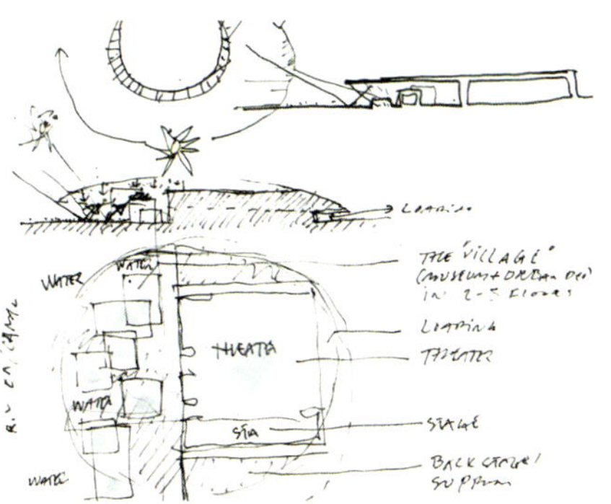
WATER
THEATER
STAGE
BACK STAGE / SUPPORT

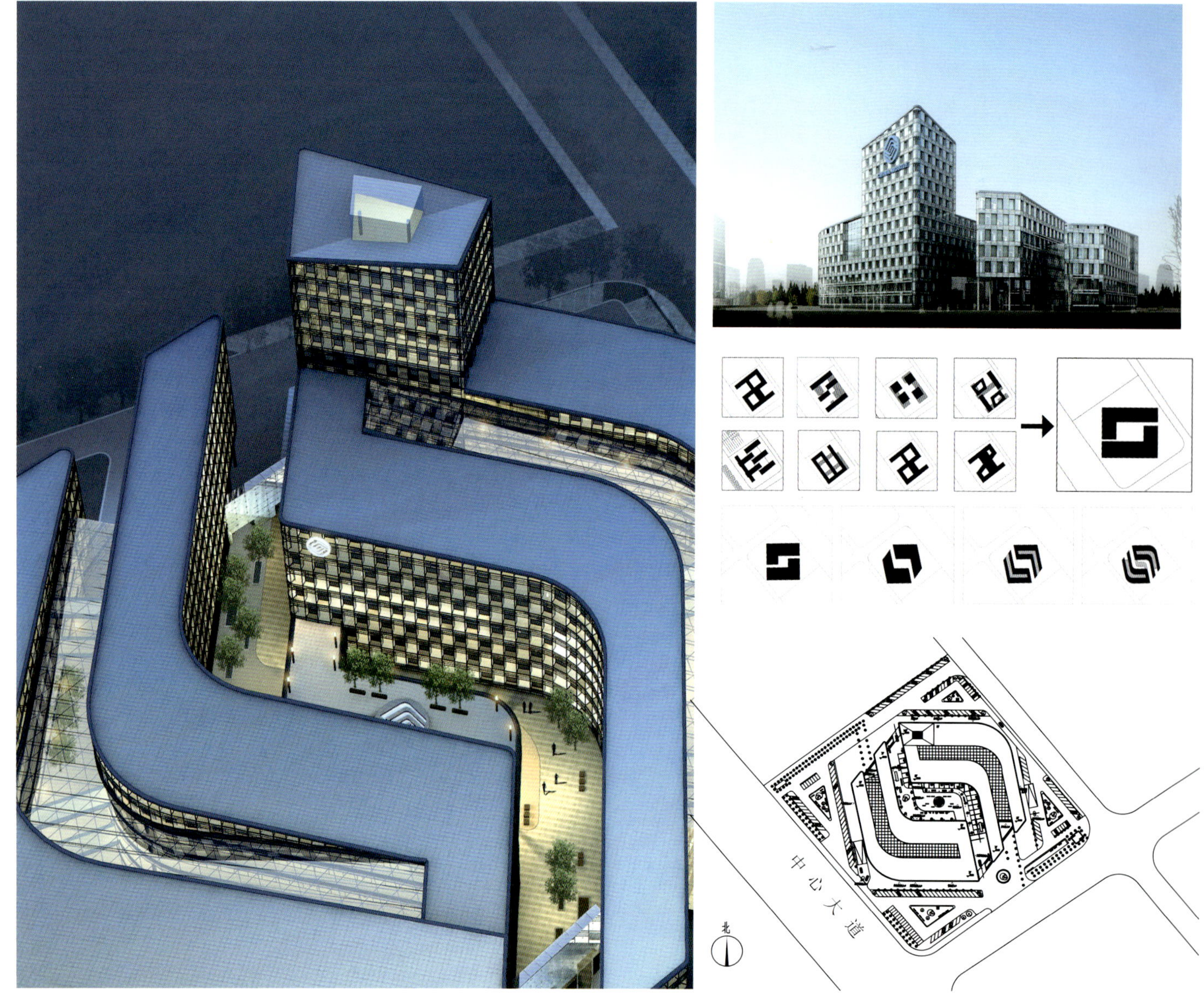

天津移动空港物流加工区

本项目位于天津空港物流加工区内，地处空港物流区最具特色的区域，周围有高尔夫球场、五星级酒店及中心湖区等重量级城市设施，本项目又是极具特色的知名企业总部建筑，决定了本设计应在尊重城市规划各项限制的同时，在各方面突出本项目的企业文化特色，为中心区锦上添花。

因此，构思之初就确立了：丰富城市脉络，打造城市“客厅”，以人性化设计整合区域空间；宏扬企业文化；创造高品质的办公环境——设计未来城市背景下的办公模式；实现低能耗生态设计等设计目标。

建筑分为南北两楼，通过会议和展示的两层裙房的屋面形成既分且合的立体中庭空间。南北两楼均有带状光廊贯穿其中。建筑的主要入口结合光廊及局部架空的底层布局，形成内外兼济的灰空间，以达到自外至内的自然过渡。南北楼的办公区及公共空间环绕着通高的挑空采光中庭。线形光廊和叶形中庭及不同面的空中花园将日光引入建筑的各部分，借助一天内日光照射角度在建筑物内的变化，创造建筑物内的空间移动感。中庭的屋顶花园通过廊桥将双翼联系起来，形成内聚的内廷关系，使得办公空间更为生动、富有人性化，犹如家庭的起居室，为各部门提供交流和活动场所。

王兰庄商贸城规划设计方案

本案中心位于天津市区南部，处于天津市黄金大道经济发展轴与外环线城市绿环的交会处，是继京津公路经济带和老城乡商圈后的又一重要城市商贸节点，也是天津市重要的南部门户。

本案以复合式商业模式组织商业业态，以家具、家居、建材等业态启动运营。

在设计特色上，以两个标准商业模块水平串联，组成大型商业卖场Living Mall，其中每个 Living Mall商业模块都由前部商业卖场，后部立体停车空间及地下商业空间三部分构成，整个方案在横向、纵向上的联系使其形成一个统一整体。

本方案引用立体停车库和屋顶绿化停车的设计理念，这样既解决了商业建筑的大量停车问题又激活了三、四层的商业人气；通过地下商业空间的设计，形成双首层的商业概念，使得整个四层的商业空间都具有均好的商业价值。

在建筑立面设计上，方案通过叠加的水泡造型，形成恢弘大气的城市表情，在光与影的舞动下呈现出变化万千的生动景象，结合适当的广告灯箱形成大型商场独有的气势与浓厚的商业氛围，在建筑外观上表现出商业建筑的时代感。

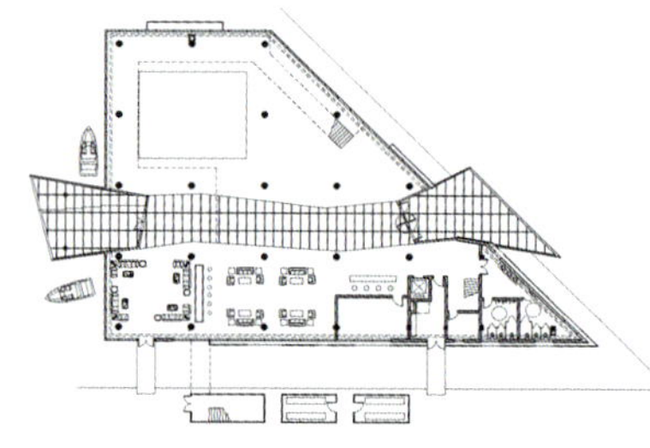

首层平面

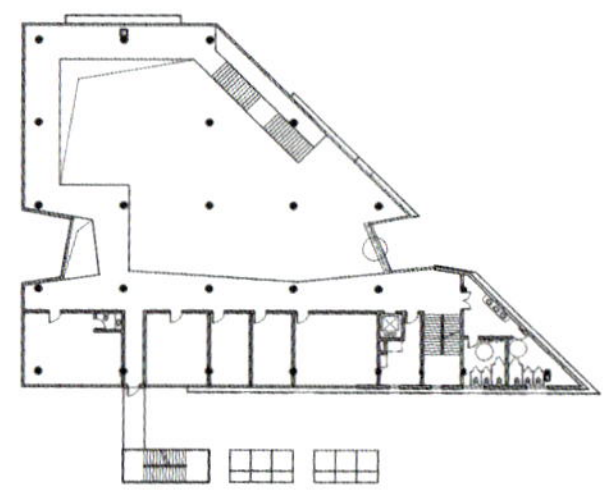

二层平面

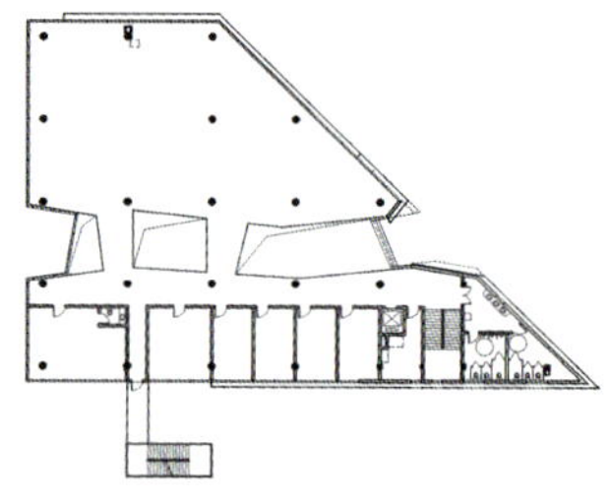

三层平面

天津北辰区泽天下居住小区售楼处

本项目位于天津市北辰区泽天下居住区内。

泽天下居住区是以水为主题的居住区，如何展示水的意向和滨水生活的特色是本项目设计之初思考的重要问题。

售楼处是展示这一特色住区的入口，因此本案在设计之初就确立了“河流流过建筑，让使用者和参观者有更多的接触水的可能，为建筑提供特殊的主题氛围……”的设计方向和设计理念。

建筑设计从“河流穿过建筑”、“河流分隔建筑”概念入手，在被“河流”分隔的建筑之间架设室内天桥作为联系，也通过天桥让使用者从另外的角度体验人与水的关系。

建筑采用框架与钢结构组合的结构体系，为建筑塑造了完整简洁的立面形态，为了避免了大面积玻璃幕墙，使建筑具有良好的热工性能，建筑外檐装饰以外包打孔板为主，局部附以玻璃幕墙装饰，整体风格简洁流畅，细部处理手法细腻丰富，又不失个性和特色。

天津时代奥城酒店式公寓

时代奥城的发展源于2008奥运会天津分会场这个具有极强的凝聚力和辐射力的“核”，起着连接南开文化区与承启新兴西部的重要作用。时代奥城核心商业商务区把打造体育之城、文化之城、生态之城和数字之城作为造城方向，将具有坚实的城市中心载体的基础、完善的城市机能、丰富的城市共享空间。本次项目紧邻位于时代奥城的中心区，是商务、商业、居住和公园之间的接口。

如何利用奥城商业区现有及将有的公共空间和设施并与之形成共享品牌，是本项目成功的关键。

采用多层次的公共休闲空间——空中园林

将建筑营建于优美的绿色园林，实现建筑与园林的和谐共舞、构建层次鲜明的立体化绿意空间；

将各栋塔楼在近地空间、顶层区域连接延伸，使之成为可视的公共休闲空间，享有更多与绿色环境的接触面；

建筑底层局部架空或设柱廊，以人性尺度营造空间流通的感受；地下整体连通，以采光井充分引入阳光，营造轻松、宁静及愉悦的休闲氛围。

创造宁静私密的私有休闲空间——看得见风景的房间

绿色宜人景观，通透的视觉享受，自由空间分割，才是新时代人性化商务公寓空间；

大幅落地窗配以双面采光的全透明玻璃幕墙，使自然光线与室外绿景自由流入各户私有空间；

以大净高、大柱间距强化室内空间的开敞通透，并采用简洁的直线条进行空间分割，实现使用率的最大化，方便布局。

公寓设计将LOFT公寓概念引入SOHO内部空间为居住者提供自由安排自己生活的无限可能。

建筑体量设计突出“简洁时尚·时代经典”，建筑为简洁的“三块板”形式，使两幢塔楼重新组合变化，既和谐统一又各具特色。

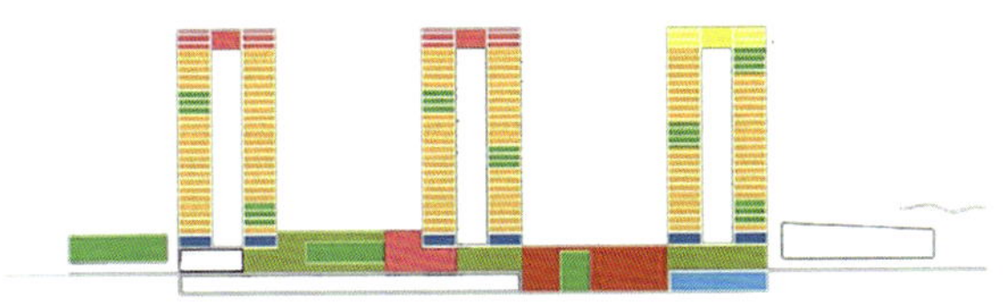

源创工作室

大连北海阳光海岸概念规划

天津梅江南C#地块

天津市公积金管理中心

大连北海阳光海岸概念规划

①主路网及建筑组团环形分布

因主要景区分布于沿海和沿山地区，所以环形路网的应用将多种不同的旅游项目连成一体，所有小型旅游项目因此融为一个大型旅游景区，外来旅游者可沿简单的环形路网游览所有的景点。同时环形链接提供给建筑开发一个明了的组团概念，使今后使用中的功能分区更为清晰合理。

②环形于带状相结合

主路网以环形为主，同时结合带状。环形交通的最大弊端是交通距离较长，两点之间无直线连接，因此以小型带状交通线作为辅助，有利于解决以上问题。带状路网设立于山海之间，形成了天然的景观通道，同时辅以海上酒店作为所有景观通道的底景，以达到突出新开发区特点的作用。利用高差形成的直线带状交通，是极其典型的欧洲海边小镇的特点，在希腊、意大利南部，以及地中海地区到处可见。

③特色居住和组团分区

因环形路网的使用使得组团分区极其明确，同时也划分出几大景区特色。居住组团的坐落和分区应以此作为基础。设计保证每个居住区都有自己不同的特点，以平均景观资源，避免沿海居住区价格高昂且好销售，其他地区难以销售。

度假酒店和度假别墅同样以景区为框架作出特色，如今单纯的豪华酒店比比皆是。该设计放弃以豪华为特点的度假别墅，取而代之的是以乡村、高尔夫、庄园、港口为基础的特色度假村，不仅可以节省投资，同时可以提高新区的特点吸引更多游客。

④建筑密度分布

建筑密度分布以使用为基础，主环路网客观地划分出新区的政治、经济和配套设施的中心地区，因此建筑密度应从高向低，

从主环路网中心向四周分布，以保证中心繁华，景区休闲。高层建筑区坐落在中心地区同时可以起到在景观视觉上强调CBD地区的作用。

⑤分区及分步骤开发

设计放弃带状分布而使用环形分布，使得组团的概念更为突出。因开发面积较大，分区、分步骤的开发不仅使开发商在开发过程中更便于分期和管理，同时也使建筑使用者、当地居民以及外来旅游者在项目没有完全结束前也可以使用，而不会受到功能上的影响。

⑥城市广场的运用。

大连是以城市广场多而著称，新区的开发应延续这一特点，给予市民和外来游客开敞空间作为城市休闲娱乐的场所。同时，广场辅以放射性带状绿地和步行空间，行程了极具欧洲风情的城市空间，强调休闲和开放的特点。同时开放型广场配以点式高层可以极大地提高当地居民的生活空间，从而形成新区住宅开发的一大特点。

广场的分布与景色相结合，与城市布局相结合，打造了市中心的商业中心广场，沿海的海岸广场，以及休闲娱乐的休闲广场，滑板主题广场，等等。

⑦城市的空间轴线

城市空间的轴线可以为今后的详细路网和细部规划提供主框架，新区的主要特点是山海相融，有山有水。因此新区轴线都以这两个元素作为主基点，连接于山水之间，所有轴线成放射状交合与海上酒店（新区海面的地标性建筑）。轴线用于提供捷径通道，同时形成重要的景观视觉通道，使游人漫步于新区之中时，山景与海景一览无余。轴线由3条主轴线组成：商业中心轴线，新区绿带休闲空间轴线和水上空间轴线。3条轴线各有特色和主题，与各具特色的组团形成呼应。

⑧沿轴线的空间

每条轴线都有其不同的使用功能，设计沿轴线布置与其空间功能相呼应功能建筑，以明确轴线的特点和主题，同时明确功能分区，如：区分商业区的轴线和休闲区的轴线。

⑨四环三轴空间组合

根据景区特色，已建路网，和环形组团规划的特点，新区的空间组合主要包括4个环形组团：golf文体中心环、红酒庄园环、新

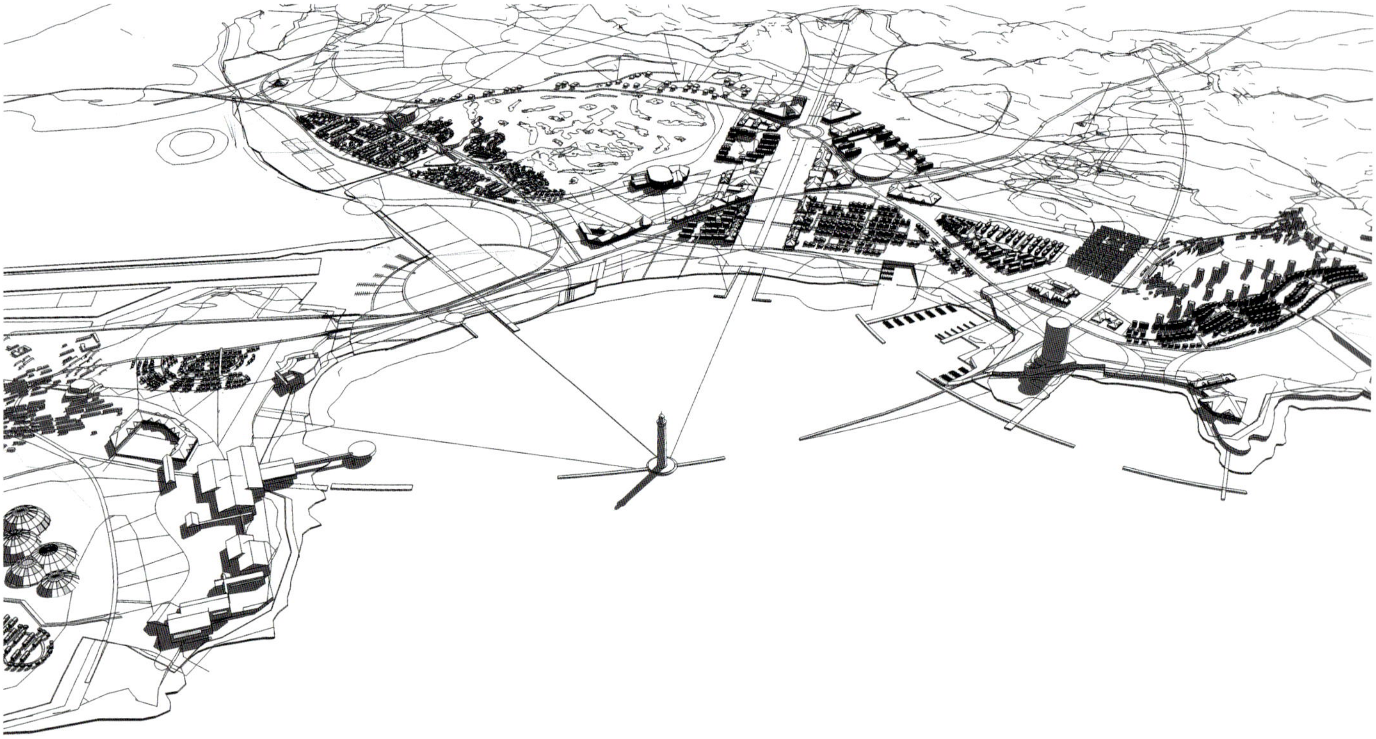

区中心主环以及特色景区环。这4个环形组团中新区中心为主换，其他的3个环为辅环。在4个环形组团之间穿插3个主轴线带，丰富空间变化，也提供了更多的交通方式。

⑩人车分流—快行路与慢行路

人车分流可以为游人提供更为休闲放松的空间，避免车流干扰，为交通组织和分区提供更明确的框架。因为环形和轴线的组合运用，在新区中主要车行线路以环形路为主，人行线路以直线轴线为主。环形路线长但是覆盖所有景点，适于为车行提供方便的旅游线路。直线轴线交通距离最短适合步行，辅以城市绿带、广场和特色公园，可以为步行游人提供休闲放松的空间。直线空间同时作为景观视觉通道可以让游人漫步欣赏。

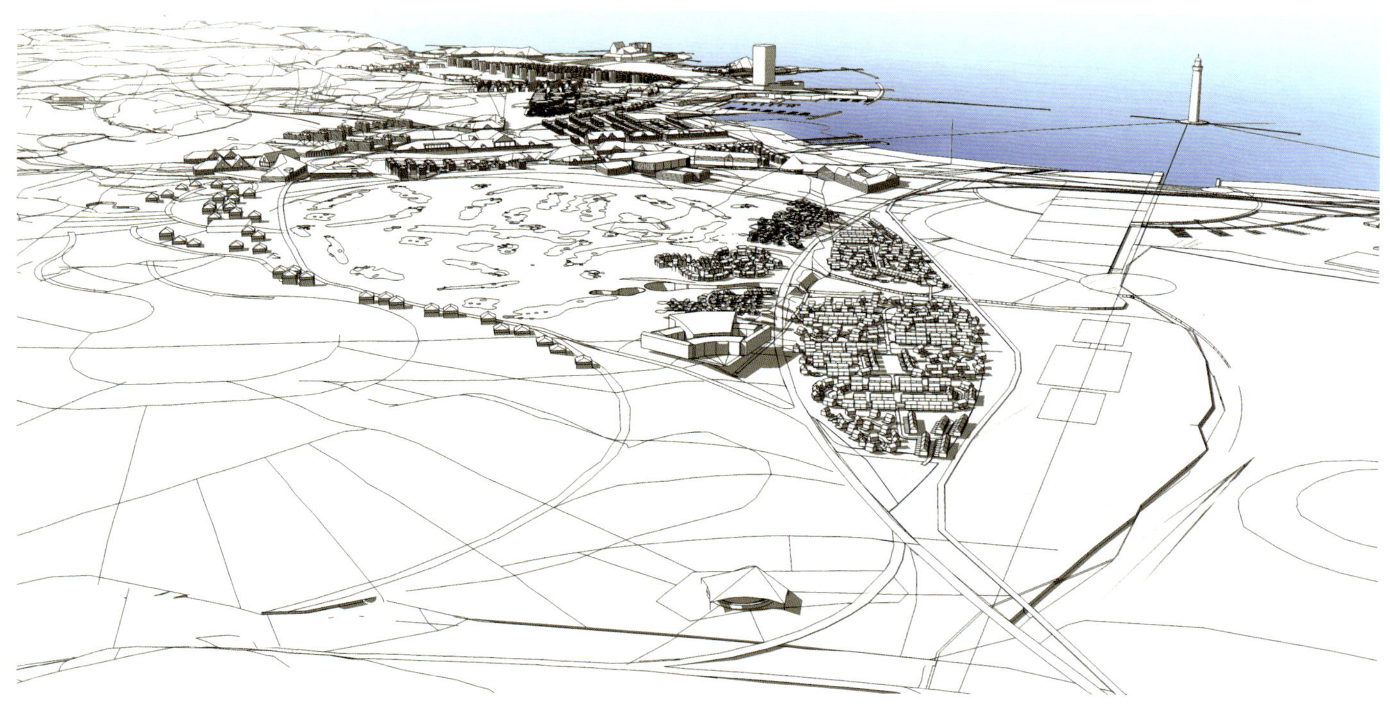

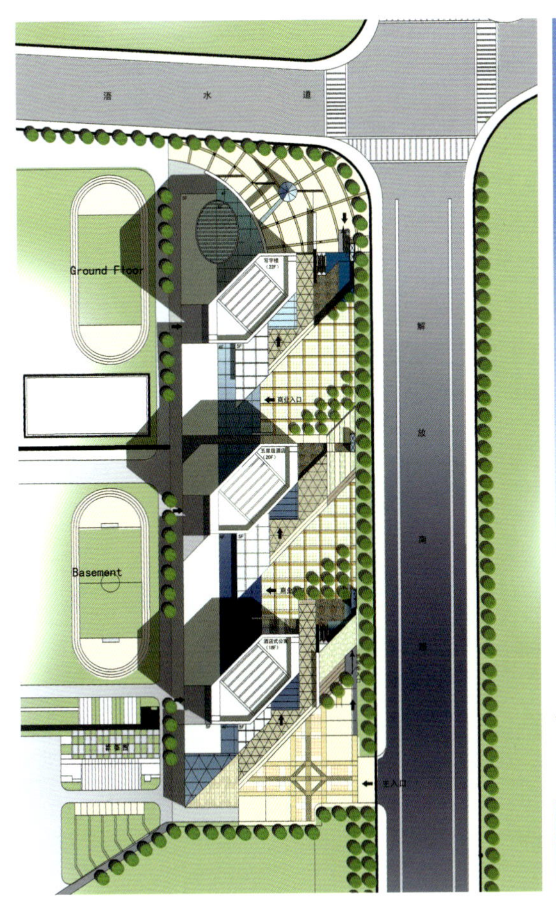

天津梅江南C#地块

本案地块为天津梅江南主要公建用地之一，地处规划会展中心对面，极具地理位置优势和商务价值。本案综合设置了写字楼、五星级宾馆、酒店式公寓和大型购物、餐饮、娱乐等多项设施。地下大面积的停车系统为今后的发展提供充足的停车空间。

45° 方向斜向切割，在有效利用土地的前提下争取了最有利的东南朝向，以保证使用的舒适性。南低北高的建筑布局，斜向切割的设计手法，创造出富于变幻的视觉形象和空间意向。

1.建筑形体构成——挺拔的水晶体

三栋高层主体如同三块晶莹完整的水晶，45° 斜向插入商业裙楼，由南至北依次升高，形成气势宏伟的地标印象。

裙楼横向贯穿整个街区，犹如一艘庞大的舰船，同时强调45° 斜线与直线穿插的构图要素，形成不同形体的丰富错落，打造出变换无穷的空间层次，给人全新的空间感受和视觉感受。综合运用各种质感的玻璃和石材，相互衬托出不同体量的视觉表达。

2.广场空间——地上与地下的开放与穿插

开放的地下庭院使地下与地上连通为一体，给地下空间带来新鲜的空气和阳光，从地下钻出的玻璃光塔成为广场上引人注目的现代雕塑。

人行阶梯和滚梯联系地上和地下的人流。大面积的水面、叠水、绿树为行人提供了休憩、交谈、享受阳光的休闲场所，给热闹的商业空间注入自然的生命力。

天津市公积金管理中心

本建筑为金融办公建筑,毗邻天津历史上著名的东方华尔街——解放路，总建筑面积33 004m^2，地上6层，局部7层，地下2层，室内外高差0.3m；建筑主体消防高度为24m，局部屋顶高度为38m。设计采用钢筋混凝土框架结构，顶部采用空间钢结构，保证空间无柱，便于灵活分隔和利用。

根据使用功能要求，主体建筑呈“┌┐”字形，地下为地下车库和设备用房，共两层；地上部分分为两部分，分别作为两个相对独立的部门办公。建筑西南角1～4层为一个独立分区；其他部分为第二个分区，根据使用需要，分为几部分：共享大厅、办公区、档案区、餐厅和综合活动区。

根据城市规划和区域规划要求，本建筑属于历史风貌建筑。建筑外檐处理采用与周围区域和相邻建筑统一的历史风格，延用原有的建筑语素和传统的材料质感，充分尊重历史文脉和风貌特色，典雅地重

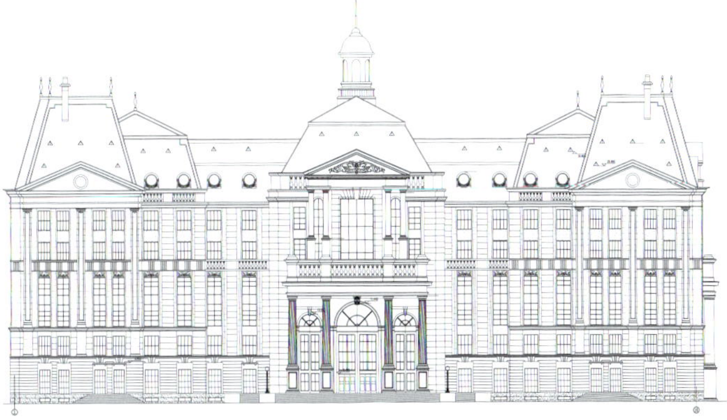

①-⑮ 立面图

塑了历史氛围，同时烘托出保留建筑的古朴精致。同时通过简约的比例划分和造型处理方式，形成特色鲜明建筑风格。新建建筑在原有地块内，围合出集完整而又开阔，具有视觉纵深感和冲击力的全新街区空间。建筑造型文艺复兴时期的建筑风格，沿大沽路侧外墙造型承重轴对称布局，高大的盔顶烘托古典风格街区中建筑恢宏庄严的气势，演绎了曾经的优雅与卓越。

建筑的整体外观在满足历史建筑风格的要求下，完全尊重内部的结构，力求形式与结构的完美统一，通过达到最优的造型和最优的结构形式，从而达到经济的最优，达到功能和经济最优选择。

兰德工作室

航天五院天津基地景观工程

老年公寓概念方案设计

天津大、小倪庄及高庄子居住区景观工程

天津梅江南商业中心景观设计方案

天津新汇华庭景观方案

航天五院天津基地景观工程

该地块规划占地面积40 000m^{2}左右。

设计主导思想

1. 以简洁、明快的手法去表达现代化及创新的企业形象；
2. 着重统一整个园区的景观设计风格，同时注重局部空间的细节设计；
3. 在植物配置上，充分运用本地适生植物，以提高植物成活率为前提，充分注重长期景观效果；
4. 在景观构筑物的设计上充分体现少而精，以天然的元素，如日光、水、植被以及气流来柔化园内建筑与场地的关系。

通过景观设计策略将园区内建筑、水域、绿地进行有机地结合，未来园区将融合生态人文 创新与科技等提升工作气氛的元素。员工可以享受一个优美而使用方便的工作环境。

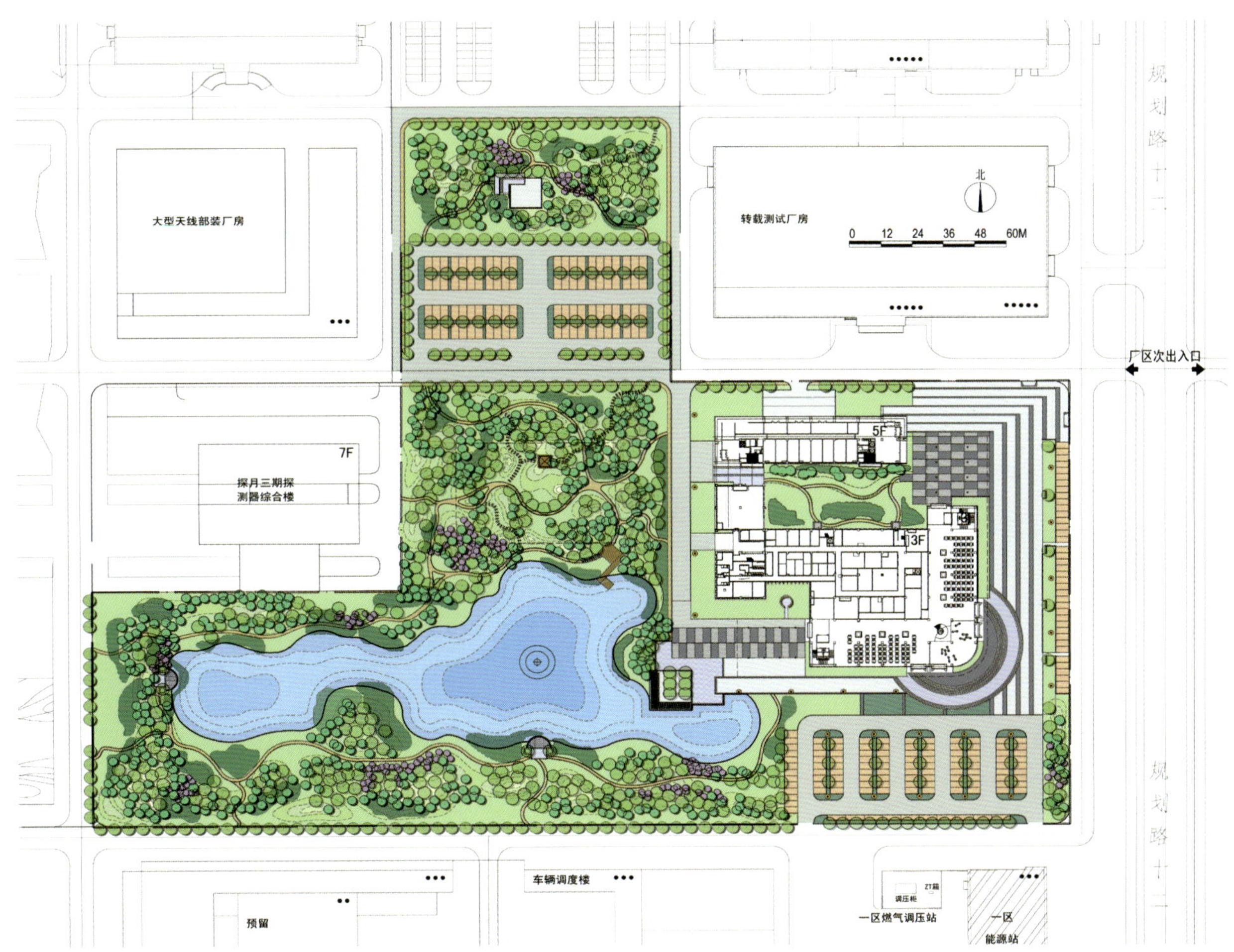

老年公寓概念方案设计

该项目位于京沈与宝平公路交会处，规划占地面积100 000m^{2}左右。项目开发定位面向高龄富裕人群、退休、养老的老年，突出健康，以老人使用为主，打造同时具有康健、医疗、养生功能的现代“支持性花园景观”。

设计概念的基本方向：体现养生概念、康健景观、生态景观、生态养生、“生道相保”、“动静互摄”。

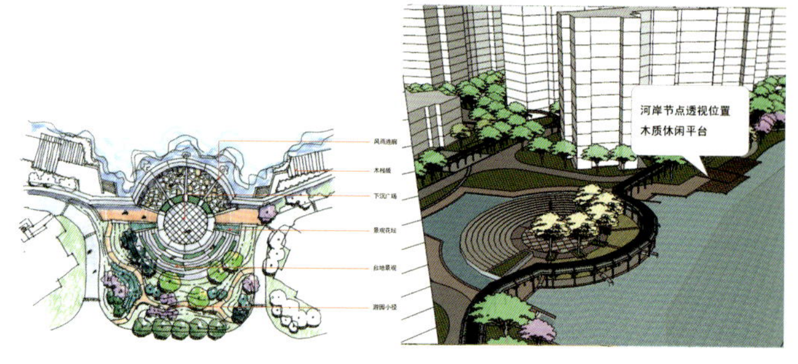

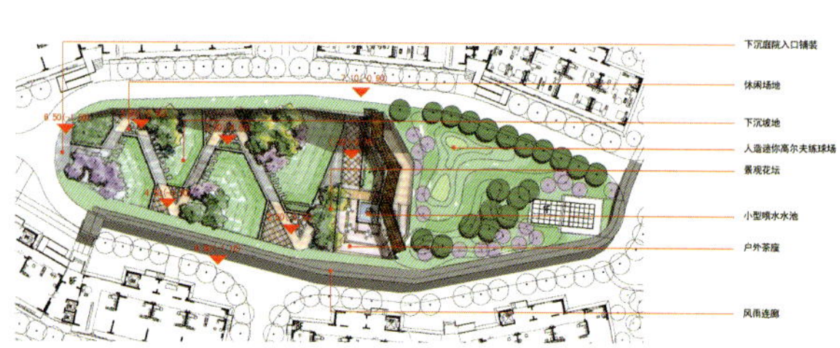

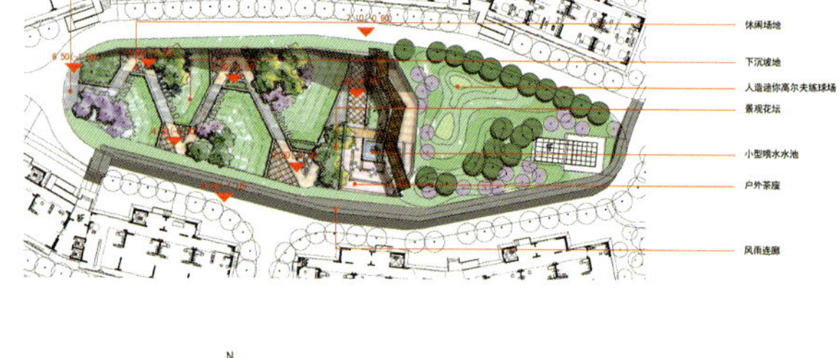

坡型绿地下沉庭院平面图

天津大、小倪庄及高庄子居住区景观工程

天津大、小倪庄及高庄子居住区位于西青区东北部，毗邻梅江南居住区。大倪庄目标客户以还迁居民为主，住宅整体总建筑面积为89 000m²，景观面积约24 000m²,其余两块以商品房为主。大倪庄村民还迁住宅总建筑面积为65 000m²，民用建筑以高层为主，整体景观面积约19 000m²。整体方案以入口的处理问题为主题线索展开设计，在对其设计中我们将充分体现出大门入口所处地相与现代的景观处理手法相结合的特点，突出出入口景观的特色有气势，形成本居住区独有的景观亮点。设计中突出各个空间共性的特殊细节，并将“以人为本”作为设计的主旨。

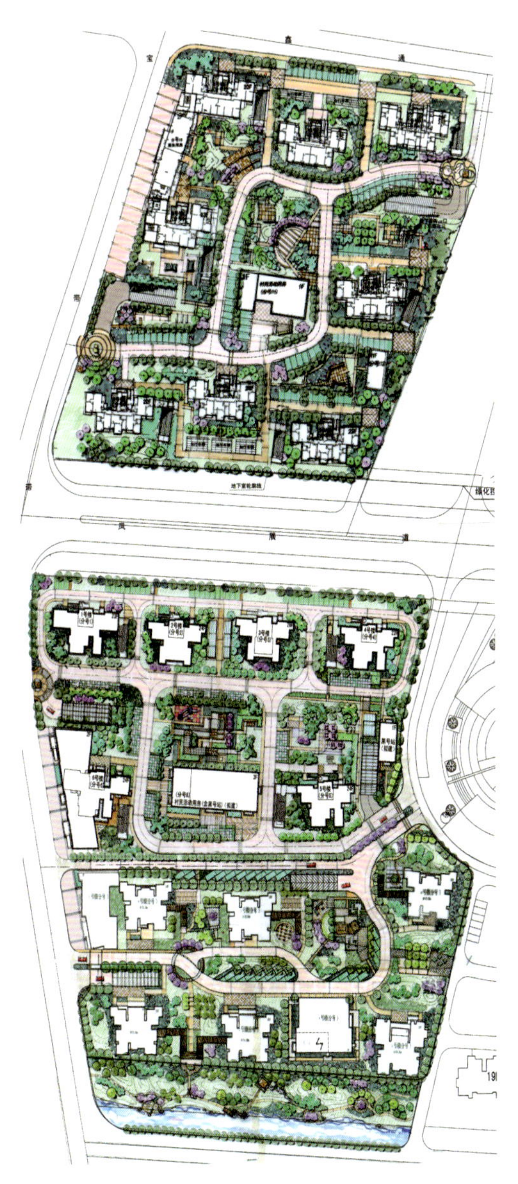

天津梅江南商业中心景观设计方案

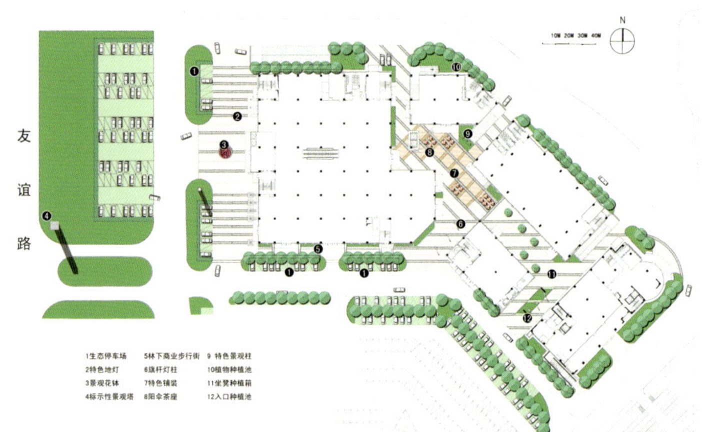

梅江南商业街位于梅江南地块友谊南路的西侧入口处，其建筑功能以商业卖场、商业接待中心、文体娱乐中心为主。设计的总体构思是以景观意境为线索，遵循功能性为首的原则，采用点、线、面成景的方式，参照所处位置及不同功能分割空间，营造一个多功能的、舒适的、令人愉悦的娱乐购物、文化休闲的街道环境。在设计上为了满足不同视点的视觉效果运用三种高度的商业展示小品，其中包括18m高的标志塔，4m高的广告标识牌，1m高的移动花箱，这样可以更好地来营造视觉上的补充。商业内景观照明设计以满足功能为前提，照亮车行道路及人形活动空间，突出的景观小品采用独立照明、霓虹效果，广场的标识性突出。在地面上，独特的商业形象铺装运用光带使商业街前吸引人流，营造丰富的商业气氛。

天津新汇华庭景观方案

该项目规划占地面积70000m²左右。设计主导思想以简洁、大方、便民、美化环境、体现建筑设计风格为原则，使绿化和建筑相互融合，相辅相成，使环境成为地域文化的延续。

设计原则

以人为本、以绿为主、因地制宜、崇尚自然；

设计手法

本设计以装饰主义的设计手法，对景观园林进行全新诠释，力求把高贵典雅的设计元素以简洁明快的设计手法充分融入景观的每一个细节。

华怡工作室

2011年第26届世界大学生夏季运动会主体育场

意大利风情区照明设计

武汉中心

费尔蒙酒店

汇福国际酒店

2011年第26届世界大学生夏季运动会主体育场

2011年第26届世界大学生夏季运动会将于8月份在深圳举办，届时将有63个场馆承办大运会赛事，其中22座属于新建，31座改建，10座属于临时搭建。深圳大运中心主要由一场（主体育场）两馆（主体育馆、游泳馆）组成，随着大运会的临近，“春茧”、“水晶石”、“竹林”等一座座创意灵动、设计新颖的体育场馆拔地而起，如同一颗颗璀璨的明珠点缀鹏城。这些世界级水准的场馆凝聚了无数城市建设者和国内外顶尖设计团队的智慧和汗水，也承载着深圳人民对大运会的美好愿景。

春茧是第26届世界大学生运动会的主场馆。春茧呈椭圆形，它在体育场东侧完整的椭圆形上大胆地“切”出了一个通透的“落地窗”，被称为“海之门”，坐在体育场里就可以看到大海及对面的香港。该体育中心通过白色的巨型网架结构将体育、商业等建筑空间进行整合，外形酷似“春茧”，故得此名。

整个项目占地约874 000m^2，建筑面积超过300 000m^2，总投资约35亿元人民币，建成后将成为深圳的地标性建筑。项目包括主体育场、体育馆、游泳馆以及全民健身广场、体育综合服务区、新闻指挥中心等体育设施。

该建筑风格现代造型别致，规模宏大，在该方案中采用LED定制灯具结合建筑的透光性优异的玻璃材质和结构，表现出建筑在夜晚犹如璀璨的明珠熠熠发光，形成了当地的夜间亮点，同时巨大的夜间视觉心理冲击力，也体现了深圳人民对大运会的美好远景，对顽强拼搏的体育精神的颂扬。

意大利风情区照明设计

意大利风情区的照明设计结合所在的环境现状以及空间形成的要素特征，遵循城市的整体规划，结合建筑的规模、布局、特征，使用科技与艺术相结合的照明形式，通过对照明尺度、色彩、明暗、风格的控制，对每一个节点精心刻画，充分体现了该区域浪漫、典雅的意大利情调，在人的视觉和心理上形成了深刻的意大利风情印象构成。

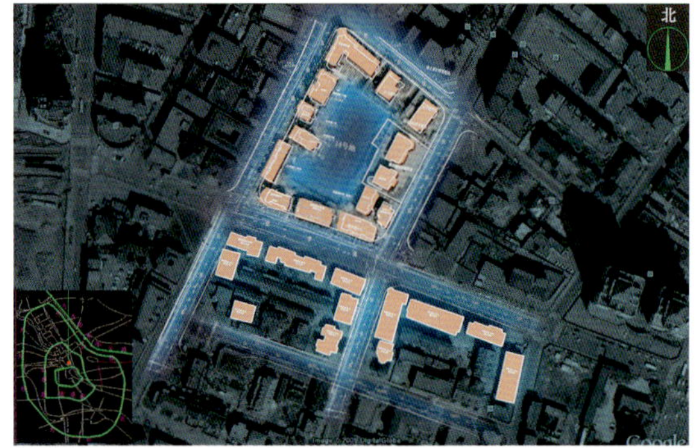

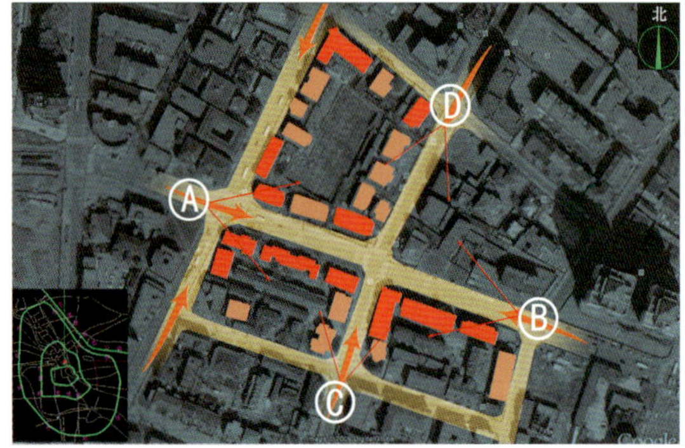

武汉中心

武汉中心位于武汉王家墩中央商务区财富核心区西南角，与城市大型公共配套连接紧密，紧邻规划中的梦泽湖，拥有非常优美的自然景观环境。武汉中心占地约28 100m^2，总建筑面积321 400m^2，其中，地上建筑面积256 400m^2，地下建筑面积65 000m^2，设置1 300个机械式停车位，建筑高度428m，层数为88层。武汉中心的主体建筑仿佛迎风张满风帆的航船载满希望与力量，在经济的浪潮中乘风破浪勇往直前。正所谓“长风破浪会有时，寓意着武汉中心作为黄金水道的旗舰，引领新时代武汉经济的发展繁荣。

武汉中心项目周边高大建筑较多，为体现地标性建筑在此区域的重要性及特殊性，特在夜晚以简洁的白色光突出建筑特点，使武汉中心夜间景象在第一时间呈现在人的面前。

武汉中心建筑体高大因此照明设计分为顶部、中部及底部三个部分相结合进行夜景设计，顶部通过LED产品丰富的色彩呈现春夏秋冬四季更迭的变化，使建筑在不同的季节与环境产生呼应与共鸣。而建筑主体平日采用简洁的白光体现出建筑宏伟挺拔的特质，而在节日期间采用进口特殊照明器具在建筑体上呈现出船帆的变形，寓意武汉中心在行业内引领方向、扬帆远航，并通过照明器具的光束角及色彩的变化在建筑体上产生有韵律有节奏的变化，使建筑在节日期间以不同的姿态展现在人们面前。

武汉中心力求创造一座具有生命力的富含充足阳光、空间、绿化和景致的高耸的城市有机体。外表皮呼吸式幕墙系统，确保建筑充分吸收阳光，最大程度的减少能耗；接合玻璃幕墙的设计将太阳能电板引入，为整栋大厦提供光伏发电，提供太阳能热水；大厦内部装有智能环境监控、诱导式风机系统，可自动送新鲜空气实现室内环境的舒适健康；采取重力式消防给水系统，确保大楼消防安全；有效的水资源整合利用，可直接抽取湖泊水用于冷却，进行水回收和循环利用；下沉式广场水景、台地绿化、边庭空间，绿色节能建筑（LEED认证，绿色建筑认证）的利用，让生活在其中的人充分感受到建筑与自然融合所带来的无限可能！

费尔蒙酒店

北京华彬费尔蒙酒店由华彬集团聘请拥有百年历史的世界知名酒店管理集团一加拿大费尔蒙莱佛士酒店管理集团经营管理，百年经典品牌於2010年首次落户中国北京。酒店所提供的魅力个性化服务，将远远超出您对五星级酒店的期望，每一处细节均体现着细致入微的奢华品质，从美食创意到顶级会议设施以及举世闻名的服务。

建筑师以独特的凯旋门式建筑造型，用横跨45m、高60m的空中廊架将写字楼与酒店建筑连为一体。设计师利用其间相互错动构成的丰富的空间变化营造城市夜晚新的要素。

整个照明设计色彩以“玫瑰金”为主色调，“玫瑰金”同时拥有“金”的雍容，“玫瑰”的浪漫。使得这栋体量并不大的建筑，以竖向的线条，丝绸般的色彩与光泽，在现代建筑林立的CBD核心区，流淌出独特的华贵和经典的美。

在建筑立面主体照明的处理上，采用的是传统的形式美学，保持严谨的构图方式，将建筑分为底层、中部和底部3个层次分别设置照明设备，用简洁的手法，呈现建筑的层次与结构。

竖向LED和小塔顶部大功率投射灯为立面增添活跃元素。每当有重要时段，建筑处于安静、内敛中却可以瞬时迸发出无限的张力，与“门”的恢宏相呼应，此时，你再无法忽略它的独特。

汇福国际酒店

项目位于北京东燕郊经济开发区，规划总用地面积687 000m^2，总建筑面积680 000m^2，容积率1.0，绿地面积50%，分为五星级温泉会议酒店、超白金五星级温泉度假酒店、国际温泉疗养院、温泉水疗娱乐中心、精品商城、老年健康公寓六大建筑组团，其建筑组团的建筑风格与建筑格局类似于亚洲最大的酒店组团-澳门威尼斯度假村酒店，由会议酒店、会展中心及体育中心三部分组成。

本设计方案结合建筑的恢宏气势、承载的使用功能以及所在的环境因素考虑，在照明手法上采用整体暖黄色的色调，采用与建筑的层次、结构相符合的照明方式，展现出欧式建筑的典雅、大气、稳重。顶部采用LED变色的效果，更加丰富了建筑的视觉冲击，表现出建筑作为大型酒店的亲和力和在当地的重大影响力。同时考虑建筑和景观光影的结合，建筑是主体，周边景观清新自然的照明效果将建筑衬托的更加有品质。汇福洲际酒店的夜间照明的恢宏气势、建筑与景观的完美结合，与水中的倒影相互依托，形成一道令人醉在其中的画卷。

裕华工作室

奥运景观雕塑	聂士诚雕像	鱼龙百戏
金街大铜钱	怒潮	远洋新天地地中海风情街
浪漫心港	球韵	新意街改造工程
码头遗韵	邮路漫漫	母与子

奥运景观雕塑

作为奥运会协办城市之一，奥运景观雕塑意义重大，本着全民健身的奥运宗旨，在海河提岸设计制作了奥运主题雕塑——“吉祥奥运”。它是由两座雕塑组成，一座是“永恒圣火”，另一座是“健身操”，雕塑用不锈钢制成，外表涂以彩绘。

“永恒圣火”按照传统的火炬样式设计了雕塑的底座，以两位运动员在比赛中竞争的抽象形态，组成熊熊燃烧的圣火形象，既像一团迎风飞舞的火焰，又像两位向前奋力冲刺的运动员，整体充满了动感。它与城市优美环境相映衬，代表着奥林匹克运动倡导的更快、更高、更强的理念，也喻示着奥林匹克精神像圣火一样，代代相传，永不熄灭。

“健身操”则是一座带有幽默色彩的雕塑，其独特的卡通艺术形象，成为向广大群众推广奥林匹克精神的重要载体。本着全民健身的奥运宗旨，设计将奥林匹克精神与人们的生活相融合，让人们在不经意间感受到一种源于体育、又超越了体育本身的健康、和谐的美好氛围，使奥运精神深入人心。

金街大铜钱

2000年和平路进行了历史上最大规模的改造，根据市政府有关部门的决策，策划设计制作了巨型铜币镶地式纪念浮雕“和平聚宝”（俗称“金街大铜钱”）。这是国内目前埋地型铜钱浮雕之最。它以“财源广进，商业发达，转（赚）钱与聚宝”为主题，用流动的水纹和圆形的字体组合成一对太极图（阴阳鱼），寓意资金流动的生存哲学；太极图旋转的动势和周围转动的灯的图案，意取谐音“转（赚）钱”，这也契合了祝愿和平路商业繁荣、买卖兴隆的深刻含义。

按照中国传统“四象”的图案，铜钱周围用红、黑、白、青色八块彩石环绕，代表《易经》里面的八个方位，金（铜）主富贵，寓意聚宝八方，财源广进。布满画面的中国历代古钱币造型优美，用钱币发展史为浮雕增添历史感和艺术魅力。制作材料选用耐磨、耐腐蚀、同时抗压的永久性材料——锡青铜和花岗岩，使这一雕塑长留后世，伴随着金街的发展给人们提供了富于津派文化的游览购物和文化娱乐环境。

浪漫心港

“浪漫心港”位于天津市解放桥河西一侧堤岸、原法租界内，结合解放桥历史，用爱情主题雕塑浓缩租界地特定时期的历史风貌，展现出浪漫的法国风情。

雕塑以男女爱情为主题，表现手法热烈奔放，设计为极具现代感的青铜雕塑。为使“浪漫心港”的风格与其所在位置及周边环境相协调，此次选取了罗丹、马约尔、布德尔三大欧洲雕塑家的六件杰出雕塑作品为创作原型，经过艺术加工和处理，最后创作出这组以爱情为主题的主题雕塑，成为现代文明的象征。

码头遗韵

一座象征着天津卫漕运文化的“铁锚伴鱼行”景观雕塑落户在天津大连道海河堤岸，该地段为最早海河港口发祥地。鱼儿在铁锚周围游荡，仿佛向世人述说着天津卫600年漕运文化历史的沧桑。

该雕塑体现出天津源远流长的码头文化主题，巨大的具有符号性的“铁锚”耸立在海河边上，以强烈的视觉对比着残破的岁月面孔。“码头遗韵”见证着码头遗址，表现出近代天津成为通商口岸后，千吨巨轮从塘沽港直驶市区内河码头的盛景。

聂士诚雕像

坐落在天津市八里台的聂忠节公殉难处，是天津一处著名的历史遗址。1900年，聂士成率部在这里抵御入侵天津的八国联军，经过浴血奋战，最终战死在这里。

为了纪念聂士成不屈不挠、英勇抗敌的民族精神，在查阅大量资料后，建造了一座聂士成雕像。这座雕塑选取了聂士成策马挥刀，征战沙场的形象，来突出他的英雄气概。雕像主体采用青铜铸造工艺，整体雕塑富于强烈的纪念意义和历史真实感。

怒潮

“怒潮”群雕是本市爱国主义教育基地中最大的一尊青铜雕塑，被安放在天津义和团纪念馆门前的广场上。作品主体以青铜为材质，巧妙的构思布局浑然天成汇聚成向前倾斜的金字塔构图，以大气磅礴、栩栩如生的表现手法，雕琢了乾字团、坎字团首领曹福田、张德成、林黑儿等为原型的民族英雄的艺术形象；以各具有特点的形体语言，通过强壮的身躯、袒露的胸膛、坚实的臂膀、坚毅的面部表情，再配以体现时代特征的服装、头饰、大刀和土炮，生动地再现了清末天津义和团奋勇抗击外来侵略者的壮烈战斗场面，体现了义和团反帝运动的伟大民族精神，以及华夏儿女悲壮的英雄主义气节，成为爱国主义教育的历史文化经典。

球韵

“球韵”雕塑的创意以足球运动为表现主体，突出表现足球运动员的男性阳刚之美。雕塑位于天津民园体育场门前环岛内，根据地形特点，设计巧妙地将足球运动的射门、扑球和倒勾三个动作有机结合，使得观众从每一个角度都可以欣赏到一个完美的艺术视觉效果。雕塑建于2000年，2002年中国足球闯入世界杯，使得这个雕塑更有特别的纪念意义。

邮路漫漫

本项目是天津市海河节点重要的标志性工程，是充分结合地域历史文化，严格考量地域特征及周边环境后进行的艺术创作。

一组以“邮路漫漫”为主题的雕塑，在天津大同道海河堤岸落成，这是“中国第一条邮路”诞生地。这组雕塑由五个部分组成，中心以中国最早的邮筒形象构成雕塑主体，周围环绕着骑骆驼送信、骑马送信、骑自行车送信的邮差形象以及邮差面向海河等待邮轮等四组情景雕塑，为市民首次展现出100多年前及现代中国新邮政风采。此次邮政景点的设置，正是为了突出天津作为中国近代邮政发祥地的重要地位与贡献，体现了邮政事业在社会变迁中的历史沿革。

鱼龙百戏

坐落在海河畔光华桥附近的“鱼龙百戏”，整体采用一组中国传统屏风形式的浮雕墙为背景，上面雕着本市著名戏曲表演艺术家的形象及代表曲目。浮雕墙前分别安放了艺术大师马三立、骆玉笙的全身塑像，惟妙惟肖地展现出两位艺术家表演时的生动场景，体现出天津作为中国北方戏曲艺术发源地所蕴含的深厚的文化底蕴。

远洋新天地地中海风情街

本项目位于河东新开路，本着结合远洋新天地项目内涵及新开路现状条件相融合的原则，设计主题定位于乘风破浪的航船，真实再现了航船应有的船舷、行灯、船帆、救生圈等元素，并通过创新设计使其具备了更多使用功能。该项目作为河东区重点景观改造工程受到了相关市领导的表扬。

新意街改造工程

河北区新意街是除本土外唯一现存的意大利风貌建筑群，我们对风貌区建筑外檐装饰进行了方案规划及设计，本着尊重历史、创新未来的原则不仅真实再现了意国原有建筑风貌并且综合考虑到建筑现代商业开发的需要，通过组织严谨的施工，最后展现给大家不可多得的一处异域风情商业区。

母与子

该组雕塑位于河西区银河广场，结合银河广场的布局、环境及甲方对雕塑作品高端文化层次的需要，盛邀著名艺术家韩美林先生设计制作了该组雕塑。作品继承提炼了中华民族的文化传统艺术，又吸收了西方艺术的精髓，把写实、夸张、抽象、写意、工笔、印象等诸多手法的东方、西方艺术巧妙地融为一体，使其达到高、远、深、新的境界，简洁却不失韵味。

中新佳联工作室

成都新都区高筒村项目

首创海南莲花村奥特莱斯规划项目

阳光上东C9（安徒生花园）

成都新都区高筒村项目

《成都市总体规划（2003—2020年）》确定成都市城市结构为”一主、两次、多核”，并确定新都区为“两次”中北部次中心的重要发展核。项目用地位于新都区西部，通过新石路、成金高速可快速抵达新都区、成都市中心，且车程均在30分钟内，与成都市、新都区联系紧密。

“自然中的城镇”是指在保留自然条件的情况下，在一定程度上兼顾城镇生活的密度，通过人造景观和城市景观的设计，使城市和自然生态环境有机的联系到一起。这也是我们的设计策略之一。

项目用地地处成都市城市边缘，以湿地、生态农林用地构成了优良的生态环境，是不折不扣的城市之肾，是创造宜居社区的最好选择。

这里将实现城镇的生活便利，又能使使用者信步来到自然环境中。依靠便捷的交通环境，项目用地将真正实现可持续发展。由于此地生态环境良好，交通便捷，将吸引大量人群入住，真正实现“自然中的城镇”，即“人在园中，城在园中”。

游鱼悠悠莲田田
罗绣拥来金谷园
新翠舞襟静如水
绿满台阶春满城

首创海南莲花村奥特莱斯规划项目

项目用地位于海南省万宁市莲花村境内，规划总用地面积1500亩（约1 000 050m^2）。通过对宏观背景的分析，确定项目定位为：以打造区域门户形象出发点，以奥特莱斯零售商业模式为产业龙头，填补区域产业空白，打造集购物、旅游、度假、美食、商住、休闲养生、娱乐、居住于一体的宜居功能小镇。

通过项目用地结构、道路交通、景观绿化等微观环境进行了综合分析之后，以新都市主义提倡的生活方式组织规划，确定了“一带、三轴、一区、四组团”规划布局。

阳光上东C9（安徒生花园）

在整个阳光上东的不同组团中，C9地块（安徒生花园）的开发与设计可能是最令人激动和赋予创新的组团之一。它那立于草坡上极具雕塑感的白色建筑群在这个地区中创造了一个新的真正高质量的公共环境。在欣赏建筑师的大胆创意同时，景观设计也面临了巨人的挑战。

不同于区域的其他住宅组团，C9是一个混合型的社区。它包括首层的独立商铺、公共庭院、二层的办公区、咖啡厅及三层的私人住宅花园和高层公寓。

首层核心区的底层是公共庭院。庭院周围的各种独立商铺都可通向这里。由丹麦建筑师 (SHL)设计的七座雕塑感的建筑包围了这个庭院。庭院设计的主要目的是为了向购物者和这里的居民提供一个遇见、交流、放松和享受片刻安静的户外场所。

针对这些别具特色的建筑，新颖的景观设计在不同楼层为居民提供了公共聚集场所和私人的花园。

主要的公共空间，不仅可以作为通道，供购物者和居民休息和娱乐，并且从高层建筑往下看也会郁郁葱葱。

开敞的第三层甲板为上方的居民提供了一块安静的绿洲。

图书在版编目（CIP）数据

天津市建筑设计院设计作品系列. TADI方案创作卷 / 天津市建筑设计院编. —天津：天津大学出版社，2011.10
ISBN 978-7-5618-4039-9

Ⅰ. ①天… Ⅱ. ①天… Ⅲ. ①建筑设计—作品集—天津市—现代 Ⅳ. ①TU206

中国版本图书馆CIP数据核字(2011)第176621号

策划编辑　金　磊　韩振平
责任编辑　韩振平
承　　编　《建筑创作》杂志社

出版发行　天津大学出版社
出 版 人　杨欢
地　　址　天津市卫津路92号天津大学内（邮编：300072）
电　　话　发行部：022—27403647　邮购部：022—27402742
网　　址　www.tjup.com
印　　刷　北京雅昌彩色印刷有限公司
经　　销　全国各地新华书店
开　　本　210mm×260mm
印　　张　17.75
字　　数　322千
版　　次　2011年10月第1版
印　　次　2011年10月第1次
定　　价　178.00元